我们应该向所有艺术从业者致以诚挚的谢意，他们使严肃的人类世界变得更加柔和，丰富了人们的心灵世界。

夏目漱石（Natsume Soseki），《草枕》（*Kusamakura*），企鹅图书（纽约，2008年）

Naoto Fukasawa

EMBODIMENT

深泽直人

具象

[日] 深泽直人 著
邹其昌 武塑杰 译

浙江人民出版社
ZHEJIANG PEOPLE'S PUBLISHING HOUSE

目录

前言

珍·富尔顿·苏瑞 (Jane Fulton Suri)

1988年，在比尔·莫格里奇（Bill Moggridge）位于旧金山的公司ID Two，我第一次见到了深泽直人。当时，他正准备从日本精工爱普生公司离职来加入我们，我们带他简单地参观了一下公司，并为他介绍了他的工作内容，以及与未来的同事会面。那天，我们并没有过多交流，毕竟他那出色的作品已经说明了一切。深泽直人的洞察力竟然也是如此优秀。那天晚上，我们一起在北岸咖啡馆喝酒，他在纸上画了一些巧妙的标记来表示白天所见到的人，这些标记将每个人独一无二的特征表达得淋漓尽致。这些特征可能是向前倾的欢迎姿势，或者是一双圆溜溜的大眼睛，抑或是皱着波浪线的眉头。我们被这些简笔画逗得"咯咯"直笑，深泽直人又创作了一些其他的简笔画，我给这些画逐一做了名字标注，直到他为每个工作室成员都做了一个备忘录。通过这种互动，我被他共情、谦逊、儒雅的幽默感，以及对细节的关注和对本质的把握深深打动，我很快就意识到，这些品质也是他在设计工作中的标志性特征。

　　那一天标志着我和深泽直人长久友谊的开始，也是我们在一起工作十年的开端。我是一名人因心理学家（human factors psychologist），对人们的认知、情感以及他们对世界各地及事物的认知体验感兴趣。而深泽直人作为一名设计师，他对人们的体验，以及这种体验是如何受到物体和环境的微妙特性的影响的，同样具有浓厚的兴趣。当然，这里的"物体"也包括他设计的产品。他对人们在日常生活中的行为非常着迷，尤其是那些我们凭直觉做事的方式。我们与物体或环境进行交互，但却很少或根本没有意识到它们对我们行为的影响。

　　我们一致认为，发现这些无意识的、有规律且可预测的行为模式可以引领我们的设计走向成功，这些设计在人们的日常生活中是直观而自然的。深泽直人曾经说："我一直认为，有些事情人们是知道的，但他们却没有意识到。"他总是渴望通过设计去发现并反映这些事物，用深泽直人自己的话来说就是："通过追踪无意识行为来激发一个灵感"。

　　29年后，在位于东京表参道大街深处的一家安静的咖啡馆里，深泽直人向我展示了他最近发现的一个新词："具象"（embodiment），他对此很兴奋，这似乎在很大程度上概括了他作为设计师的理念和工作，以及他对人、环境和事物之间动态互动的看法。

身体和感知：通过我们的身体了解这个世界

　　一直以来，深泽直人都非常重视设计的正确性，如果一个设计并不是正确的，用深泽直人的话来说，就像是用一种错误的方式去抚摸一只猫。在硅谷早期的日子里，设计师常常会设计多个备选方案，以激发客户的讨论，让他们从中选择满意的方案。在这一点上，深泽直人并不认同，他认为，设计师的工作和首要任务是为客户找到合适的解决方案，而不是在设计过程中对客户的要求妥协。对他来说，所谓的成功，就是在项目结束时能够打动客户，而且，当他们意识到设计的正确性时，会对设计师说"谢谢你的逆耳忠言"。

我在强调深泽直人坚持正确性的时候，并不意味着他是傲慢与自负的。恰恰相反，深泽直人是一位非常谦逊的设计师，他不会强加想法于他人，但他会寻求一个契合点，力求让大家都能接受，就像是在寻找一个"生态位"（ecological niche）。他会考虑在一定语境下，物体的角色、功能以及与其他物体之间的联系，并推断出用户对这个物体的感知、认知和情感。他会思考如何从直觉层面上进行设计，并让设计自然而然地融入人们的行为模式中。尽管这是一件新的产品，却让我们觉得似乎已经存在了很久一样，没有任何使用障碍。即使在早期，在深泽直人尚未意识到"融入"这些观点之前，他就已经把"生态心理学"应用到设计实践中了。

事实上，我们谈了很多关于"可供性"（affordance）的话题，这个术语是由心理学家詹姆斯·吉布森（James J Gibson）提出的，它的理论是：人与自然界中的所有生物一样，都是通过行动的可能性来对环境进行感知的。换句话说，就是物体或空间能为我们提供什么。吉布森的想法是，我们对世界的感知与我们的身体能力、需求和经验有关，也就是说，我们可以看到坐、握、爬、拉等行为的可能性。

深泽直人为无印良品设计的CD播放器，就是一个他成功探索行为可能性的经典案例。你只要轻轻一拉悬挂的电源线，光盘就会旋转起来。除此之外，播放器的配置、颜色、材质和可视的旋转运动，以及拉绳等部件，都是在日本和欧洲常见的家用换气扇的设计。在无意识工作坊系列中，他继续探索这种已习得但无意识的知识，他称这种知识为"行为记忆"（active memory），以强调我们是如何在行为之上建立对世界的理解的。

在我们早期的合作中，我对这些想法产生了极大的共鸣。在之前的工作中，我看到过很多因为产品传达的错误信息导致了行为不当，而造成用户沮丧甚至受伤的例子。比如，物体的特征看起来像是一个把手，但它的实际功能却不是。把手传达的信息应该是"拉"，但实际上却是"推"。我个人非常喜欢登山，所以作为一名登山者，我有一种"我们已经进化到可以有效地与世界交互"的强烈感受，因为我可以通过身体、双手、双脚和眼睛的体验，通过对岩石外形的判断来做出相应的动作，这些动作可能是抓握、站立、推或拉，这完全取决于岩石的可供性。因此，和深泽直人一起工作充满乐趣，他对身体体验有着敏锐的意识，并且他乐于通过设计去探索：如何利用身体的本能行为使得产品更加好用。

这是深泽直人"具象"概念的第一个重要思想：人类和其他动物一样，通过身体、感官和行为能力来认识这个世界，因为身体认知主要是习得并应用直觉。身体认知所呈现的认知行为，帮助我们完成对世界上很多事情的认知，因为身体认知是无意识思考。深泽直人对无意识设计的追求、理解和尊重，诠释了"为什么他的设计与我们的生活如此契合"这个问题。

形式和关系：将万物与他们的语境联系起来

关于"具象"概念的第二个重要思想是：设计的核心，是赋予灵感、功能和行为可能性以具体的形式。

对于深泽直人来说，这一点包含了寻找并创建正确的"外形"，并将这个新物体引入到已经存在的语境中，使它与人，及其周围的其他事物之间产生一种有效的联系。

深泽直人曾经说："人们在每天生活的环境中会无意识地与万物产生关联。"这里他暗指自己的设计过程。他开始研究对于任何给定对象、活动和语境而言，这些关联是什么。他提出了这样的问题：那些具体呈现在人们交互行为中的熟悉且直观的行为记忆究竟是什么？我们该如何在新设计中表现它们呢？

对深泽直人来说，"具象"的过程是一个非常有趣的谜题，他对此乐此不疲。当他为这个谜题找到答案后，就会更加开心。不仅仅是因为那些产品的使用者因为他的设计而发出"啊哈"的惊叹，从而带给他被认可的愉悦感，更多的是他非常享受通过设计去寻求解决方案的过程。在他天才般的洞察力中，蕴含着具有感染力的愉悦与幽默感！他巧妙地用拼图打了一个比方：创造一个合适的外形，就像是拼图中的小图块一样，它的轮廓早已在拼图中占有一席之地，因为它已经通过人们的行为表达出来了。用他的话来说，创造这种外形就像是在原有空间中画了一个新的轮廓。

由于深泽直人经常强调关联的重要性，因此，人们对其作品的赞誉存在着一个奇怪的悖论。他的设计灵感不是通过对物体本身的关注获得的，而是通过这些产品在人、环境、事物三者动态的生态系统中的地位获得的。在过去，无论是在专业上、设计教育上，还是在商业设计中，我们在解释和描述设计的时候，都是孤立地去表达设计对象，由设计师自己去描述他们的产品，这些作品可能是令人愉悦的。但是，当把它放在繁忙喧嚣的日常生活的语境中，我们或许能意识到它们给人的体验会更加愉悦。

这与我们对自然界的审美体验有什么相似之处吗？我对这一观点非常感兴趣，即作为生命系统中的一员，人类在构成他的个体元素中发现了价值和美。我们有特别的欣赏力，比如一朵花、一片花瓣、一片树叶或一棵树。每个单一元素只有在它的语境中才是具有意义的，比如一朵花的特征、形状、颜色和表现方式都是它作为花这个角色的功能属性，这些功能作为一个整体就会对整个生态系统做出贡献。所以，唯有具备复杂"功能"的花，才能很好地适应生态系统。这样我们能理解吗？难道这就是它如此美好的原因吗？当深泽直人谈到"最好的设计，就是几乎没有设计"的时候，我立刻想到了这一点：一个物体存在的目的，就在于能让用户顺其自然地去使用它。

体现个性：寻找本质

起初，我为深泽直人使用"姿态"（countenance）这一术语而感到困惑。我理解这个词的意思是：一个人的面孔、行为或举止，传达出他们的性格、情绪或态度。通过与深泽直人的谈话，我逐渐明白他使用这个词的意思与我的理解相符，甚至含义更为深远。

在谈到设计一个产品的姿态时，深泽直人指的不仅仅是设计它的独立形状，更是设计它如何从所处的语境中凸显出来。物体的姿态是一种整体的印象，即使移动了位置，甚至改变了形状，也可以立刻被识别和联想到。

深泽直人对这个术语的引申含义，让我立刻回想起我们相识的那天，他用寥寥数笔就形象地描绘出工作室每个人的本质特征。他用线条表达出一种本质的、独一无二的特征：他们的举止姿态、体形、歪着的头、面部表情、神情或姿势都各不相同。他在我们的认知中找到了共同点，这已经超越了语言和文化的差异。

深泽直人有一项特殊的能力，那就是找到一种最简单、最优雅的方式来识别出某人的本质特征，或者在他的设计中，识别出某物的本质特征。他的设计在某种程度上是极其自然且经典的传统样式、摒弃多余的装饰，但这些设计的目的和特点却很容易被理解。他为MARUNI（中文译名"马鲁尼"）设计的餐椅，让人们同时想起20世纪50年代的经典英国实用家具和日本的传统木椅。在家里，我的餐桌上摆放着他设计的Plus Minus Zero（±0）餐具，它们让我想起了父母在第二次世界大战后用过的餐具。虽然这些产品是崭新的，但我却似曾相识。不仅我们认识这些产品，而且这些产品似乎也认识我们。

我认为这是"具象"概念的第三个重要思想。通过对本质的追求，深泽直人探索出一些普世的东西。我们通过身体和感官来认识这个世界，并将它们作为一个物种来分享，这意味着我们对基于身体和感官而设计的产品有着普遍的体验。我们愿意放下对个人的偏见和文化的差异，接触那些能让我们想起共同的人性、能与生活产生重要联系的事物。

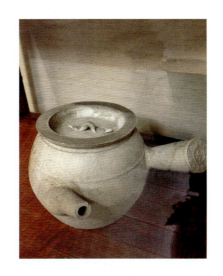

身体的工作：体验生活

深泽直人生活在一种基本的身心状态中，它与人类对有形世界的体验有关。对他来说，看到一个中国古董茶壶的壶嘴和壶把朝向同一个方向，就会唤起人们在倒茶时小心翼翼地把茶壶倾斜，并精准地把茶水倒进杯子里的回忆。自始至终，深泽直人都保持着对世界的敏锐观察和感知，并且常常反思。

从早年在技术、医疗和消费项目上的合作，到现在在这里展示的大量作品，深泽直人始终在不断地追求和完善他的设计哲学，并通过实践让它们自发地显现出来。对于一切能为他的直觉感受带来灵感的事物，他都保持着强烈的好奇心和开放的心态，并乐在其中。他教授并指导其他设计师，与手工艺人合作，关注历史文物，比如他在日本民艺馆（Mingeikan, the Japan Folk Crafts Museum）的藏品。他还时常分享、反思、检验和重塑自己的理解。

因此，这部著作本身就是一个具象的产物，它集结了深泽直人通过文字和图像来表达的最新思想和价值观。每一页都充分体现了他在语境（context）中的设计方法和设计成果。这部著作作为我们这些受他和他的设计启发的人，或者仅仅是被我们生活中遇到的平凡而有趣的事情所吸引的人，带来了最新的思考和最新的创作过程。

具象

深泽直人

具象

我相信，设计就是为一个物体赋予一种"姿态"，而不只是创建一个"形状"（shape）。因为物体的"姿态"是它的自然属性，所以它是伴随着一个给定的环境和人们设定的情形而存在的。这个物体的存在有一个外在的边界。我称之为环境（ambience）、氛围（atmosphere）或语境（context），这个物体的"姿态"创造了一种外在的氛围，而这种氛围反过来又为"姿态"赋予了一个形状。

设计通过临摹一个物体的轮廓来表现它的"姿态"。当一个物体的"姿态"还没有被人看到，却被无意识地感知出来的时候，人们就会发出"哎呀"的惊讶声，当他们点头表示认可的时候会发出"嗯"的声音，最后还会以"啊哈"来表达他们的赞赏。我一直认为，有些事情人们是知道的，但他们并没有意识到。在事物的创新方面，我尽量不从创造新事物的角度去设计，而是帮助人们意识到那些他们已经知道的事物。这就是如何把"姿态"赋予一个产品。设计会将抽象的概念变为具象的概念，将灵魂赋予肉身。

我相信，在共享的情形和环境下，能够看到那些本应存在的事物是具有必然性的。这就是在某种情况下绘制轮廓线所需要的。我认为你们可以称之为"具象"。当我遇到这个词的时候，我意识到这就是我一直在做的事情。肉体化、具体化、体现、明示、化身、出现、象征、表象、表征、模范、范例、记号、心情、本质、真髓、表情，以及原型和典型，这些术语都是"具象"的同义词，它们都适用于设计。

画出一个物体的轮廓线很容易，因为它的"姿态"已经被人们所熟知。由于人们越来越多地生活在相似的环境中，他们之间的共性程度扩大了，开始接受相同的概念。因此，我更有理由去寻找那些人们能意识到却没有看到的"精髓"。

由于物体的"姿态"是动态的，所以它的轮廓也是动态的。由于这个物体周围的人也在移动，所以物体的形态不是永恒不变的。人们在移动的过程中会注意到形态中不变的特性。这一特性代表普遍性、原型或精髓。但人们是如何从一开始就知道事情是怎样的呢？这是我经常思考的问题。正是在这个时候，我才意识到卡尔·荣格（Carl Gustav Jung）创造的"集体无意识"（collective unconscious）这个词。根据这个概念，超越个体的"原型"在人类的发展过程中是普遍存在的；我把这理解为：无论何时何地，好的事物都存在着一种超越时空的、无意识的、相互感知的心理。知道什么时候某个事物是好的，这种感知是一种遗传特质。如果不是这样的话，我们就无法从我们设计的东西中区分出好与坏。简而言之，一定有一种人人都欣赏的形式。这不仅是人们在视觉上喜欢的东西，也是用所有感官都能感知到的东西。尽管没有触碰它，但我们却可以用眼睛来感受它。如果用"看见"（see）这个词来描述眼睛和意识共同感知到的情形，那么在同一时间，眼睛会无意识地感知整个环境。我们用眼睛感知到的事物和用所有感官感觉到的事物就是语境，它包含一个物体的外形及其所处的环境。

就像艺术博物馆里的绘画或雕塑一样，它们的存在通过白色墙壁和头顶的灯光作为背景，吸引人们的视觉感官而得以凸显，我们设计的东西同样具有一个背景，就是被我们称为"生活"的那些混乱的东西。设计一个物体的姿态，同样也创造了一种包含这个背景的环境。因此，我们必须基于设计对象的角色来考虑我们的立场。光、空气、气味和声音也包含在一个物体的设计中，这样的物体才具有生命力。人们之所以能感知到它的姿态，正是因为这个物体在不断变化。

高汤

我经常被问到："你为不同国家、不同文化设计了很多作品，也为许多不同品牌设计产品，你如何区分它们呢？"我的回答是："我总是想要做一碗好汤。"虽然这碗汤的调味料会根据国家、文化、品牌的不同而有所不同，但最终，我总是可以做出美味的汤。为高汤调味并不是我的职责所在。每个人都想要不同的东西，所以我遵从这些期望，但是我必须做出好的高汤底。我为无印良品设计了很多产品，我想说，它们可能是放了最少"调味料"的产品。有时，我甚至不添加任何"味道"在里面。在日本有一种美学——尽可能少地添加"味道"，这可能就是鲜味，但将它应用在我的设计中是非常大胆的行为。我总是渴望培养出以前不为人知的味道。

暖-冷灰色

我喜欢暖-冷灰色。灰色介于不协调的颜色之间，缓和了它们之间的关系，与其说是调和，不如说是中和了。乍一看，暖和冷似乎互相矛盾，就像灰色本身有一个很冷的形象，而暖灰色则带一点可爱，所以我喜欢暖一些的冷灰色，我喜欢暖-冷灰色，因为它很朴素。这种颜色表达了我的设计感和我所设计的物品。

2004年，我第一次访问MARUNI木工厂，当时我参加了Nextmaruni项目，和贾斯珀·莫里森（Jasper Morrison）一起去检查一个原型设计。当看到庞大的木材厂和像房子一样大的干燥窑时，我感到非常震惊。那时，生产线上已经在生产传统的欧式木雕家具，机器雕刻细节的精细程度使我惊叹不已。看着一块实木渐渐被雕成复杂的椅子部件，我深深感受到木椅制作之精美。但是，当看到这些漂亮的木材在生产线末端被漆成深褐色的时候，我们都很失望。

两年后，也就是2006年，MARUNI想请我为他们设计家具。那是我设计的第一把椅子，我将它命名为"广岛"（Hiroshima）。

因为MARUNI在复杂的木材加工技术方面表现出色，所以我决定设计一把看起来就像是用一整块木头雕刻而成的椅子。我想制作一把具有复杂曲线的手工椅，像这样的椅子只能用手工制作。买这把椅子的人在交谈时，手自然而然地滑过椅背和扶手。当我听说人们在椅子上坐了坐、摸了摸之后就把它买走的时候很开心。我相信，人们渴望与雕刻的对象建立触觉关系，不过，制造这件作品的过程却是复杂而困难的。

2010年，MARUNI请我担任艺术总监。我相信，这是一个让MARUNI重生的决定。

起初，这些看似手工制作的椅子，每个月只能生产 40 把；现在每个月大约生产 800 把。这款椅子已经在全世界 29 个国家销售，其实它最初只是为家庭设计的餐椅，但是现在被广泛应用在餐厅、机场休息室和公司的大厅和餐厅中。HIROSHIMA 扶手椅是 MARUNI 复兴计划的一个项目，事实证明，它的成功是一个标志性的时刻，我和 MARUNI 都对它有着强烈的情感依赖。

在这把椅子诞生两年后，我问贾斯珀·莫里森，他是否愿意加入我们，成为一名设计师。如今，每年参观一次位于日本广岛的 MARUNI 工厂，已经成为我们约定俗成的惯例。

HIROSHIMA扶手椅　MARUNI，日本，2008年

椅子的主要功能是坐感舒适，而且根据不同的情况，坐在椅子上的方式也不尽相同，为了适应这一功能，椅子可以设计成各种形状。还有一些情况下，椅子的大小和形状会根据其使用场景来决定，比如起居室、餐厅或休息室。但是，如果过多地考虑这些设计条件，就会忽略那些你曾经知道却没有注意到的重要功能。就装饰品和雕塑来说，它们在一个地方的存在是具有价值的，这极大地影响了那个地方的氛围。我的办公室和家中的卧室里都有Grande Papilio扶手椅。每当我使用它时，就能意识到它存在的重要性。对于这把椅子来说，它作为装饰品的价值可能大于作为一个可坐之物的价值。我相信，这正是设计的价值所在。

GRANDE PAPILIO 扶手椅　B&B ITALIA，意大利，2009年

这是我第一次像创造一个雕塑一样设计一把椅子，我似乎正在一块矩形的大理石上雕刻什么东西，在一个倒置的、截短的圆锥体的表面画一条线，然后削去边缘线以内的部分。每次我去B&B Italia的时候，都会有人递过来一支铅笔，要求我修正表面线条的偏差。每当看到我画这些线的时候，罗兰多·戈拉（Rolando Gorla）和马斯米利亚诺·布斯内利（Massimiliano Busnelli）都非常高兴。在Grande Papilio扶手椅的各种类型和大小的研发过程中，这种做事方式已经成为一种准则。这也是我在设计过程中度过的最愉快的时光。

除了B&B Italia之外，没有一家公司拥有这种大型复杂聚氨酯泡沫塑料成型的技术和生产设备。这些设备是由B&B Italia公司创始人皮耶罗·布斯内利（Piero Busnelli）设计的。毫不夸张地说，正是凭借这项技术，世界一流的B&B Italia公司诞生了。在2016年米兰设计周期间举行的B&B Italia成立50周年纪念活动意义非凡，CEO乔治·布斯内利（Giorgio Busnelli）在演讲中提到，50多年来，大量优秀的建筑师和设计师参与到产品研发中来，他们秉持着对继续创造一流产品毫不妥协的愿景和态度，通过先进的技术实力和手工技艺取得了巨大的成就。在米兰三年展上，这种模具也被作为技术力量的象征展示出来。

GRANDE PAPILIO 扶手椅的制模机器 B&B ITALIA，意大利，2009年

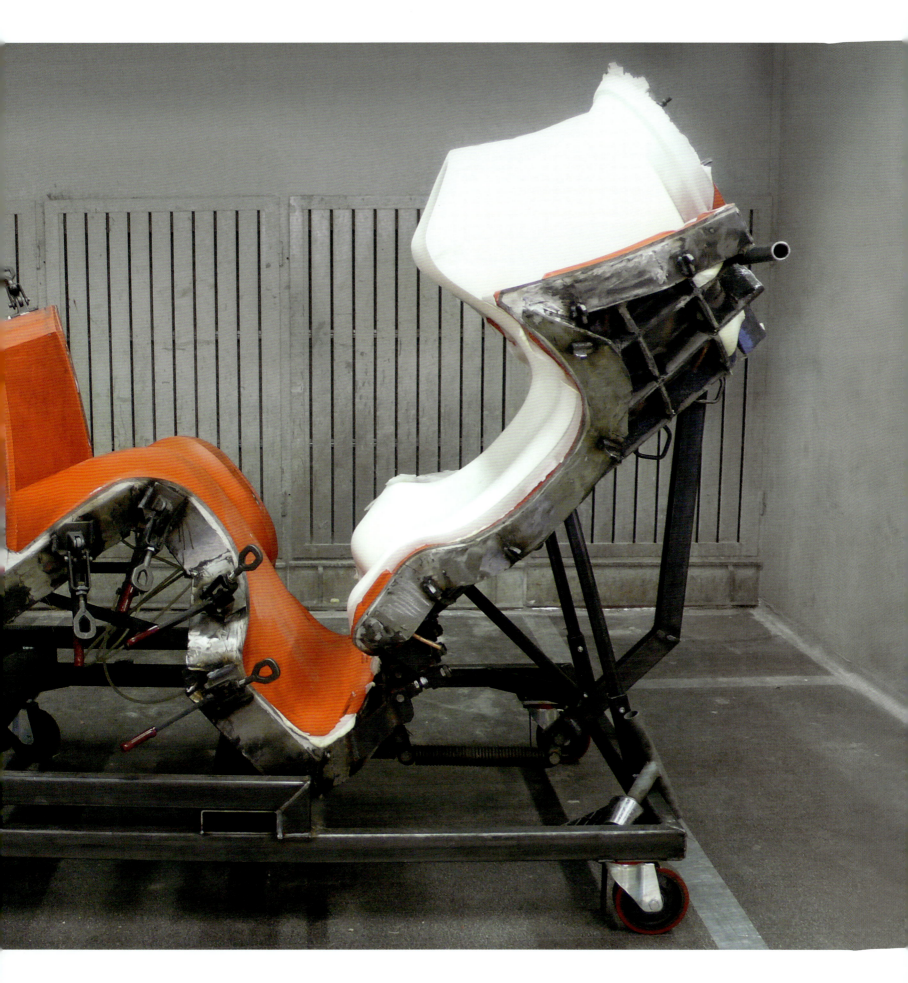

HARBOR 扶手椅　B&B ITALIA，意大利，2017年

遇见罗兰多·戈拉是我一生中最宝贵的经历。如果没有他，我的许多设计可能都无法实现。他是一位受人尊敬的老师，为我的创作注入了活力，为我的作品注入了灵魂，他是最了解我的人。我觉得我们之间有着某种感知的共鸣。

当我提议制作这把椅子的时候，罗兰多说："对于Papilio系列椅子，我们已经做得够多了。"Papilio扶手椅是一款很受欢迎的椅子，它卖得非常好，甚至导致很多人家里其他类似的产品都被遗弃了。在那之前，我从来没有反对过罗兰多的观点，但是这一次，我表达了自己的观点。Papilio扶手椅的造型独特，外形美观，但它同样也需要扶手。我提到："当我们开发Papilio扶手椅的时候，每个人都提到他们想要增加扶手，请记住，我们一直在考虑增加扶手的设计。"然后，我又不假思索地说："B&B Italia的优势在于能够制造大块的聚氨酯泡沫塑料，不是吗？"就在那一刻，我意识到，也许我真正想做的是创造一个用大块聚氨酯泡沫塑料制成的雕塑。想想看，我记得小时候，那时我还不知道什么是设计师，但我相信自己想成为一名雕刻家。

"那我们就去做吧。"罗兰多点点头。

当看到在米兰设计周展出的成品时，我很高兴我们能创造出一些好的东西。

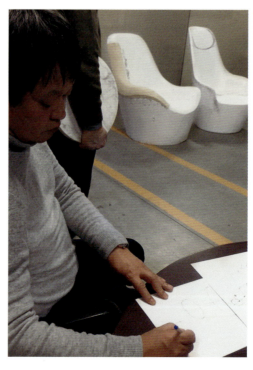

ERCO disconnect power before servicing

CANTAX 射灯 ERCO，德国，2008年

13年前，德国ERCO公司邀请我这位日本设计师为他们做设计。ERCO是一家生产建筑照明设备的公司，它至今沿用着奥托·艾舍（Otl Aicher）为他们构建的企业视觉形象识别系统，是工业设计的典范，能为他们做设计让我备感荣幸与开心。作为一名设计师，与ERCO这样的公司合作是一件非常棒的事情。ERCO是奥托·艾舍设计想象的追随者，奥托·艾舍在德国的设计教育和设计运动中发挥了关键作用，与马克斯·比尔（Max Bill）一同创办了乌尔姆设计学院（Ulm School of Design）。我当时的想法是，设计制作一款能从某种方形物体中投射圆形光的灯具，用L形安装臂与光源结合。直到现在，这款灯具仍在艺术博物馆和精品店里投下高质量的光芒。

　　CANTAX 射灯　ERCO，德国，2008年

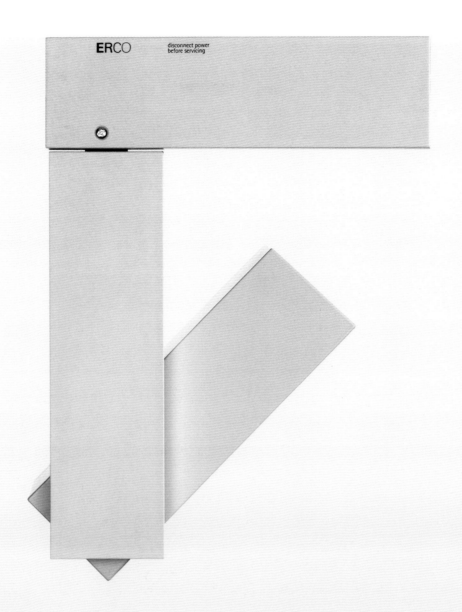

像帝国风格的灯罩一样，它的形状像一个截锥体，用灯泡照明，是历史上的灯具原型，我相信LED灯具同样有一个原型。突出的、轻薄的圆柱体就是这个原型，我设计Itis、Athena和这款名为Demetra的产品都是基于这个想法。我认为这是人们已经接受的形状，甚至在LED灯具出现之前就已经接受了。

　　这里的想法是使底座与顶部光源的形状和大小一致，你无法看到光源，所以不知道光是从哪里发出来的。当你触碰到嵌在轴杆上的传感器时，就会惊奇地发现天花板和四周的墙壁神奇地亮起来。它看起来就像是光包围了两个黑色圆盘和轴杆。

　　我只是在欧内斯托·吉斯蒙迪（Ernesto Gismondi）面前画了两个圆和一条直线，他当场评论道："我喜欢它。"

圆桌和椅子 MARUNI，日本，2011年

　　这把椅子的靠背是如此圆润，以至于能把坐在椅子上的人的后背包住，这种被包围的感觉是很好的。即使歪着身子坐在椅子上，也有一种被拥抱的感觉，这种体验非常棒。

能够将浑圆的聚氨酯泡沫座椅和靠背包裹得平展光滑、毫无褶皱，就足以证明MARUNI卓越的技术优势了。当人们看到这样的椅子时，如果发现包裹的织物上到处是皱褶，一定会非常失望。好的设计，就要有好的技术水平去执行。

　圆沙发和椅子　MARUNI，日本，2011年

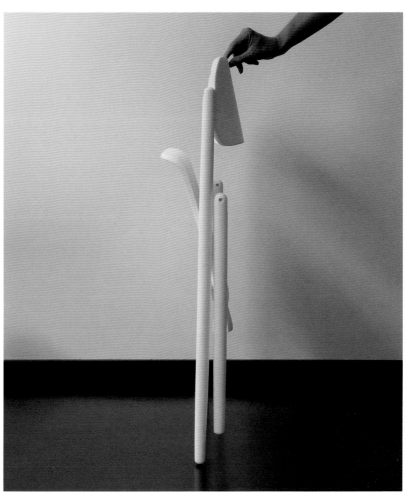

HIROSHIMA折叠椅 MARUNI，日本，2013年

　　无论一个产品有多大，也不管它有没有活动部件，我都会用聚氨酯泡沫塑料制作一个模型来检验设计的成品外观。

　　这把椅子也不例外。在创建木质原型椅之前，我用聚氨酯泡沫塑料制作了一个等比例模型，对它的外形和活动部件进行了检查。毫无例外地，我通过这些模型来检查设计成品的外形，是因为我想看到一个设计的存在感。这把折叠椅，立起来的时候显得高贵而庄重。

Malta 这个名字来自日语词汇"maruta",意为"原木"。MARUNI 公司不仅在木材加工技术方面有突出的优势,而且在原材料的选择和不同树种的特性方面也具有非凡的眼光和感觉。我在 MARUNI 工作的那段日子里,总是确保我的设计充分利用了所使用的树种。木材的魅力在于它的纯粹,像胶合板和中密度纤维板(MDF)这样的材料,虽然易于加工、材料不会随着时间的推移发生扭曲、偏差和变化,但是它缺少天然木材与生俱来的魅力。我的设计理念是创造一款简约而坚固的大桌子,它可以展示所用材料的魅力:一个自然的木质桌面,放在自然的、圆木状的粗桌腿上。与此同时,"maruta"这个名字突然出现在脑海里,让我立刻感受到材料的存在感。

MALTA 餐桌 MARUNI,日本,2013年

HIROSHIMA椅 MARUNI，日本，2010年

连接两条后椅腿的背板上的纹理是垂直的，这是刻意为之的结果，使这把椅子的两条后腿和背板看起来像是从一整块木头上切下来的一样。

30mm厚的钢制圆形桌腿和3.2m长的实木桌面，令人印象深刻。

MALTA 钢制桌腿 MARUNI，日本，2015年

　HIROSHIMA沙发和边桌　MARUNI，日本，2009年

每当我开始设计一个物品的时候，我总是会想这个物品最合适的外形是什么。比如这个沙发，我时常会考虑什么形状是最像沙发的形状。你可能会称这个形状为原型，是人们无意识中想象的形状。这款沙发不但拥有MARUNI式的风格元素，而且也证明了它属于HIROSHIMA扶手椅家族的一部分。这就是为什么沙发腿和HIROSHIMA扶手椅的椅腿一样是木质的，而且是从上到下逐渐变细的原因。我想，当这款沙发与HIROSHIMA扶手椅搭配在一起的时候，会显得非常和谐。

可叠放的HIROSHIMA扶手椅　MARUNI，日本，2016年

该项目研发团队的所有成员都渴望能将HIROSHIMA扶手椅的实木座椅和靠背与纤细的金属腿结合起来，从而创造一个可叠放的椅子。当几十把椅子排成一列的时候，钢腿和木制座椅就显得非常突出，使得空间呈现出高质感的氛围。

长椅经常被放置在公园、花园或者路边，以供人们短暂休息。在设计这款长椅时，我想知道是否能赋予它一种让空气在空间中流动的感觉，整个氛围都像是在休息。我设计这款长椅是想营造出一种从容悠闲的气氛，就像花园里的喷泉、大树和草坪上的雕塑一样。

我在墙壁和床头板之间设计了空隙，这处"留白"的空间丰富了室内装饰，所以我不仅喜欢设计物品，而且喜欢设计由物品营造出来的氛围。

MINI PAPILIO扶手椅　B&B ITALIA，意大利，2009年

　　Grande Papilio 扶手椅是一款非常受欢迎的产品，所以我们决定创造一个更小的版本。这款可爱的Mini Papilio扶手椅的外形就像是从杯子里舀出的冰激凌。座椅可以旋转，通过弹簧动力还可以回到原位，所以Mini Papilio扶手椅没有被坐着的时候都是朝向预定的位置。无论是鲜艳的颜色还是中性色，都非常适合这个设计。当许多把Mini Papilio扶手椅摆在一起时，看起来就像游乐园里的茶杯转椅一样。

从一开始就提到，我们想设计一把Papilio扶手椅家族中椅子腿连接在塑料外壳上的椅子。但是，想要创造这把椅子却是一件非常困难的事，靠背和座椅的独特外形就像是从一个截去了顶端的圆锥体材料中挖出来的一样。当时我忽然想到，或许我们可以使用它那独特的靠背和座椅的造型来做外壳。在很多外壳结构的椅子中，它的确成为一把引人注目的椅子，因为它可以温柔地支撑着后背的两侧和大腿的外侧。我充分利用3D技术创造出一个毫无分模线的产品。由于没有光的对比，看着座椅，感觉光线好像被吸收了。从后面看，大厅里摆放着许多这样的椅子，真是美极了。

B&B Italia出版了一本名为《B&B Italia式家庭》(*B&B Italia Home*)的书。我认为，这本书中提倡的生活方式确实是高品质的。它不是一本家具目录，而是提倡一种真正高品质的生活方式。这种高品质并不等于装饰，也不代表奢华，而是对生活的精练与重塑。B&B Italia的家具必须有档次，对于那些"想过这种生活"的有品位的人来说，它就像艺术教科书一样。我们想象出一个场景，并设计出与之相匹配的产品。

PAPILIO AND AWA　床和小桌，B&B ITALIA，意大利，2013年，2009年

　　我真的不太喜欢玻璃房一样的办公室，也不喜欢会议室里堆满机械的、符合人体工程学的椅子，很想知道为什么办公室会被设计成这个样子。我设计这把椅子是希望办公室可以变得更柔和、更温暖，其间参考了由查尔斯·伊姆斯（Charles Eames）创建的赫尔曼·米勒（Herman Miller）的家具理念，它是如此人性化，而我也确保在设计这把椅子的时候没有违背这一理念。

　　我相信，人的"姿态"与椅子的"姿态"存在着部分共同的特质。坐着的"姿态"是非常重要的。

　　SAIBA，客椅和桌子 GEIGER，赫尔曼·米勒收藏品，美国，2016年

SAIBA, 安乐椅、搁脚凳和桌子　GEIGER，赫尔曼·米勒收藏品，美国，2016年

或许躺在长椅上使用笔记本电脑能给人一种独立办公的感觉。在我看来，工作的时候把脚搁在一个脚凳上，要比坐在电脑桌前更像是在工作。工作的"姿态"发生了变化，工作场所的氛围也随之改变。有时你可能会在那里睡着。

　　在设计Saiba的时候，我小心翼翼地避免打破这种三维山脊线的流畅性。

POWER OF SIMPLICITY

DÉJÀ-VU, 桌　MAGIS，意大利，2007年

10mm厚的骨白色高压积层板本身就非常漂亮，D型挤压材料与有着柔和曲
线的方形白色桌面，形状与材质的搭配令人心动。它有着简单而亲切的外观。

钢管的直径与R形弯管之间有着一种迷人的关系，我认为，自从马歇尔·布劳耶（Marcel Breuer）的瓦西里椅（Wassily chair）问世以来，这种椅子的魅力就已经普遍存在了。我把座椅的厚度和扶手的厚度设计得与钢管的直径相同，椅背处的R形拐角设计得与椅子腿的R形弯管相同。

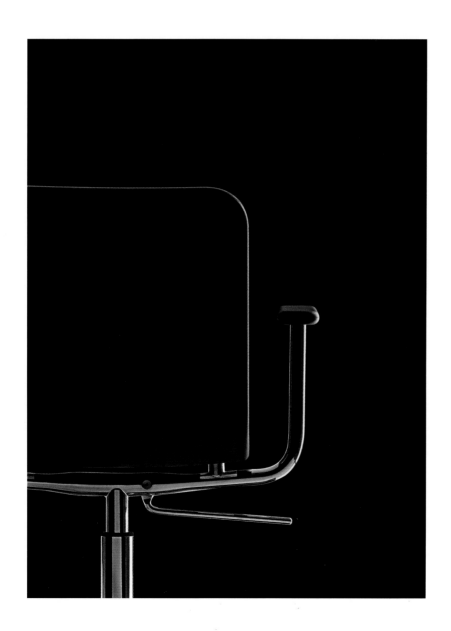

　　SOHO 椅　MAGIS，意大利，2008年

　　当我第一次在米兰家具展上发布Déjà-vu的时候，它就成了人们休息时使用的椅子。我记得当时，贾斯珀·莫里森（Jasper Morrison）称赞它说："那是因为它实在太普通了。"

　　这一次，Substance成为角落里用于商务谈判的椅子。"不会有下一次了，"我想，但我明白，这或许也是因为它太普通了。创造一个"好且普通"（good normal）的产品是非常困难的事情，但我认为，我创造了一个温和且普通的椅子。

　　欧金尼奥·佩拉扎（Eugenio Perazza）喜欢方形的弯曲的木制腿，而我喜欢粗粗的弯曲的铝制腿，因为粗粗的弯曲部分十分讨人喜欢。最后，我们创造了两种类型的椅子腿。第二年，我们还用细钢管制作了弯曲的椅子腿，它同样与座椅部分完美搭配，非常迷人。

　　　　　SUBSTANCE 椅　MAGIS，意大利，2017年

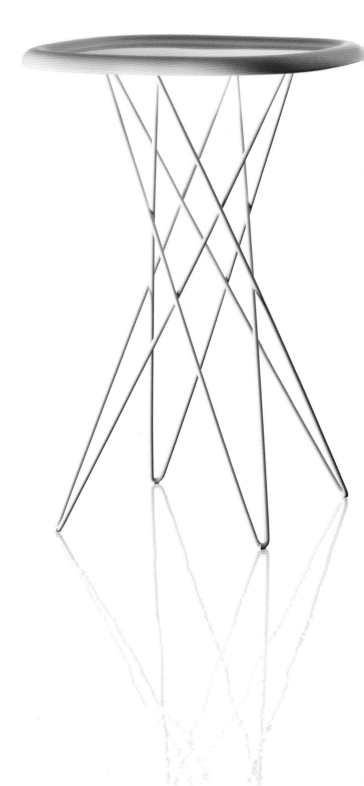

由于桌子边缘就像比萨饼的边一样隆起，所以我将它命名为比萨桌（Pizza Table）。金属桌腿非常轻，使这张桌子就像一个带腿的便携式托盘，你可以将它带到任何喜欢的地方。在设计这款产品的时候，我觉得这两条桌腿就像一个人的手指，它们把面揉成一团，然后把它旋转起来，就做出一张"比萨饼皮"。

DÉJÀ-VU, 镜子 MAGIS, 意大利, 2010年

一面坚固的、充满存在感的镜子，就像一个大大的相框。

我曾经想设计一张可以加长的桌子来搭配Thonet 209号椅。在做设计的过程中，一个与桌子设计相呼应的椅子设计跃入脑海，椅子的靠背和座椅的形状呼应了桌子的圆形外观。

　　130椅和1130桌　THONET，德国，2010年，2009年

在我的脑海中，大理石的原始形态是粗壮的柱子。我在底座上加了一个又圆又厚的桌面，将其命名为Marbelous，这引起了一阵笑声。那张有四条腿的小桌子看起来像一只贵宾犬，所以，我将它命名为"Poodle"（贵宾犬）。我们决定设计一张放大版的Poodle桌子，在考虑给这个设计取什么名字的时候，康斯坦丁·格里奇（Konstantin Grcic）建议取名"King Poodle"（国王贵宾犬），再次引得众人哄堂大笑。

TOMO 沙发　DE PADOVA, 意大利, 2010年

　　我在设计这款沙发时，从一张双座沙发开始，脑海中浮现出一种小小的生活方式。扶手的设计是这样考虑的：有人坐下来，抱着一个垫子放在膝盖上。我用铝管做沙发腿。维克·马吉斯特拉蒂（Vico Magistretti），使用无光泽的弯曲铝管绝对明智，他是个真正的魔术师。这就是我心目中De Padova的形象，也是我为这款沙发选用铝管的原因。"Tomo"在日语中的意思是"朋友"。

SO 单椅 DE PADOVA, 意大利, 2017年

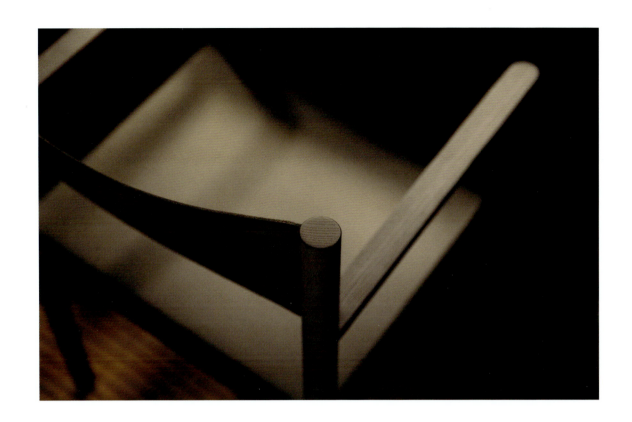

　　一把朴实无华的、简约的椅子，简单到只由四根椅腿、一个皮革座椅和靠背组成，这是我认为很适合如今的De Padova公司的家具。Boffi的手工家具与极简家具之间充满了反差与和谐，厨房和浴室非常精致，我设计的De Padova椅也想达到同样高的品质。

有人说，能否用一块30mm厚的木板做一把椅子。我突然想到，如果这些木板是切割好的，它们就会像积木一样——这把椅子因此得名。在我看来，这种原型材料和后续的形式中，有些东西非常吸引人。

　BLOCCO 椅和扶手椅　PLANK, 意大利, 2012年

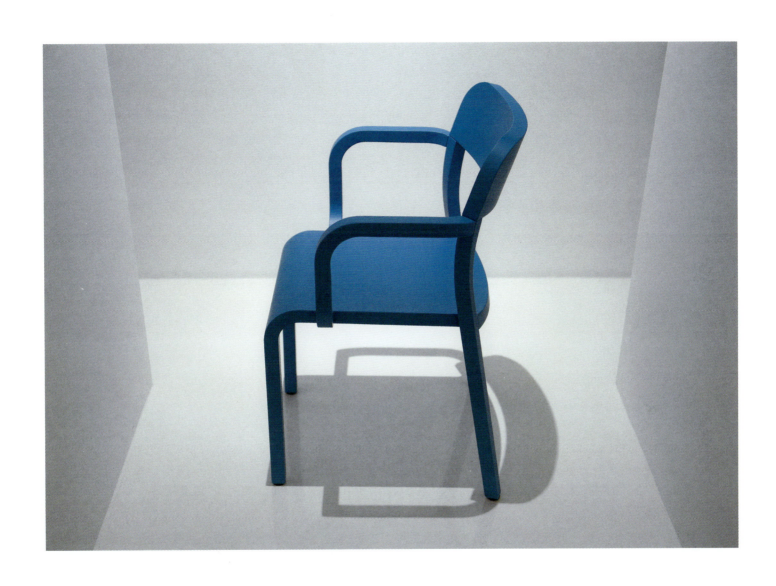

　　我用设计Blocco椅的想法设计了一个凳子。在那个用来踩踏的圆环上，没有外露的固定螺丝，这看起来真的是太棒了！

　　这个创意出自马丁·普兰克（Martin Plank），遗憾的是他在这款产品研发出来后不久就离世了。他是核心工程师，对于如何成功地实现设计创意，总是有很多想法。

　　在位于葡萄牙里斯本的AMORIM工厂，当看到一块巨大的软木时，我被彻底震惊了！在考虑用这些软木做些什么的时候，不知道是出于什么原因，我的脑海中浮现出港口用来停泊船只的系船柱的样子。或许是因为它们有着相近的深棕色和相似的体量吧！"这就是你想要坐在上面，或者搭上一只脚小憩的形状，"我想，于是，我设计了这款Cork Bench。虽然软木与系船柱之间并无联系，但两者的形象却是有关联的。我相信，当软木接触到身体时，触感一定非常柔软，是做长椅最理想的材料。

　　可以说，Conde House肩负着北海道木质家具生产区——旭川市家具产业发展的重任。在这个设计中，他们希望我使用原产于北海道的木材。虽然胡桃木的奢华感与该公司的形象非常匹配，但是，北海道出产的纹理细密的橡木却是如此美丽，着实吸引了我的目光。我想创造一把摸上去很光滑的椅子，因为每一位手作艺人都有一个愿望，那就是创造他们最喜欢的东西。在我看来，当你做一把椅子时，你一定会想轻轻抚摸它，毕竟这是北海道第二大城旭川市的独特之处。

　　日本东京的青山区因聚集了众多时尚设计、精品店和高端零售店而闻名于世。其中，Actus是一家经营家具、杂货和时装的专卖店。所以，我将这把椅子命名为"Aoyama"（青山）。Actus公司已经在日本销售出最多的汉斯·韦格纳（Hans Wegner）的Y形椅。我专门为那些务实且关注生活细节的人设计了一把椅子和一张桌子，这些人敏感而冷静，会长期使用它们。我设计这套桌椅的初衷并不是想一下子卖个大价钱。相反，我认为，如果它们不是一款畅销品，而是那些有眼光的人经过深思熟虑后去购买的产品，那就太好了。

　　我想，如果它们低调一些，并被主人小心翼翼地使用就好了。设计一个产品是非常困难的事情，在用户与产品建立联系之前，需要一定的时间。当我进入这种设计感觉的时候，就像是在设计一些过去已有的东西。

　　我被委托设计一把用于员工餐厅的椅子，所以，我设计了这把椅子，它看起来像一个长时间挤压的椅子被切成了圆片。这是因为我脑海里浮现出一个画面：不是四个人围坐在一张桌子前，而是人们沿着一张长桌笔直地坐着，排成一行。我想，一串椅子应该会很漂亮。

这是个共享空间：一个人坐在长凳的一个地方，又有一个人走过来，坐在了另一处。我在做设计的时候就想到了这种安排，以及当两个陌生人共用一张沙发长凳时，他们之间的关系会发生微妙的变化。

COMMON 沙发 VICCARBE, 西班牙, 2013年

DRAWN 桌　GLAS ITALIA, 意大利, 2011年

我在四块玻璃上画了几条轮廓线，沿着这些线裁切就做成了桌腿。在桌腿的顶部放置一块更大的玻璃作为桌面，它同样是沿着我画的轮廓线裁切下来的。这张桌子凭借其胶接结构支撑着，对于玻璃这种易碎的材料来说，这种结构似乎是不可能的。它给人一种神奇的感觉，迷惑了人们对玻璃的感知，堪称一件艺术品。

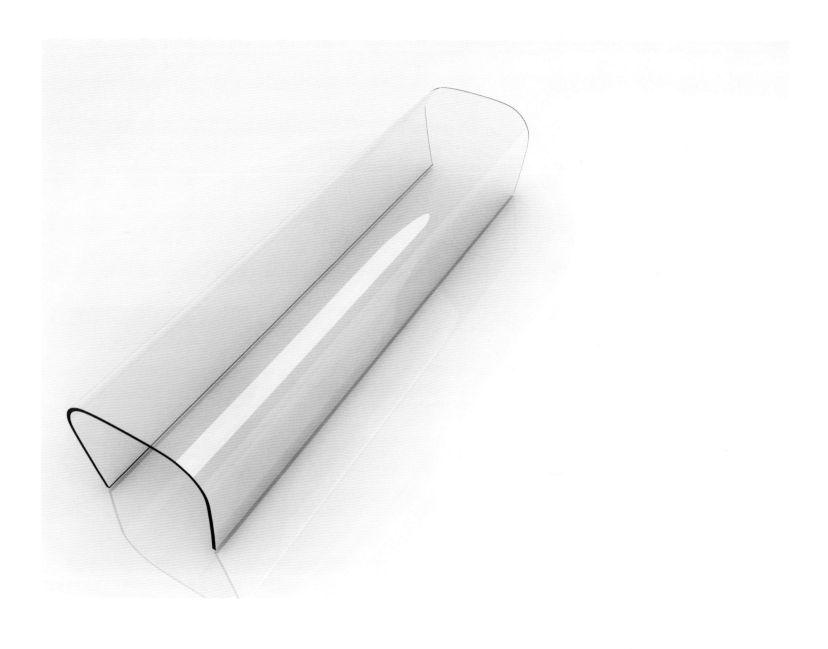

这款长凳和桌子，只需把一整块玻璃加热，然后弯曲而成。把这么大的一块玻璃放进专业设备中加热，并弯曲成我想要的样子，是一件非常困难的事情。这个产品的造型虽然简单，但制作起来却异常复杂。

曲面玻璃长凳和茶几 GLAS ITALIA, 意大利, 2012年

SABBIA 浴缸 BOFFI, 意大利, 2008年

从我知道Boffi的那一刻起，他们用一块完整的石头雕刻出的浴缸，就是一个极具视觉冲击力的象征。我觉得它非常华丽。我认为这才是"真实再现"，并且发现自己也想创造一个坚实的设计。我相信人们对坚实有一种渴望或尊重。随着技术的发展，我能够用三维的，而不是平面的晶体铸造物——骨白色人造大理石设计出这款浴缸和洗脸盆，充满了这种坚实感。

LOTUS 盥洗池 BOFFI, 意大利, 2014年

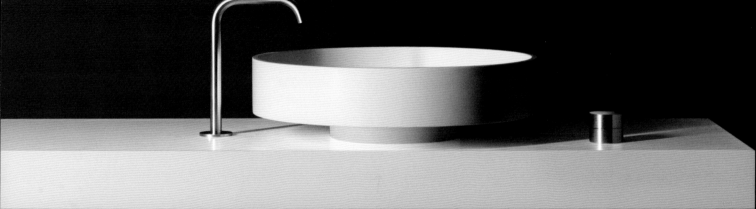

我想从一块长方体的石块中切割出漂亮的形状。

ark这个词的意思是船；然而在日语中，浴缸也被称为汤船。

我想让自己沉浸在这个漂亮的汤船中。

ARK 浴缸 BOFFI, 意大利, 2015年

罗伯托 · 加瓦齐（Roberto Gavazzi）的设计愿景很清晰。加瓦齐是Boffi公司CEO，该公司生产高端的厨房和卫浴用品，提供一种极度富有的生活方式。罗伯托 · 加瓦齐热衷于创造强有力且简约的符号，而不是遵循装饰的设计理念。

在设计这些龙头时，我的注意力集中在了调节旋钮上。龙头的开关被设计成高端音频设备上音量调节旋钮那样的质地和操作感。罗伯托和我都专注于给调节旋钮的边缘和龙头末端的边缘一个最小的半径。罗伯托对边缘的设计十分挑剔，因为Boffi的品质和整体的品牌形象是由这些细节决定的。这些龙头的研发是与Fantini公司合作进行的。

AF/21 龙头 ABOUTWATER, 意大利, 2013年

N310 笔记本电脑 三星, 韩国, 2009年

这款被称作"上网本"的小型笔记本电脑只在这个世界上存在了很短的一段时间。它看起来就像是一个夹在某人腋下的手提包。外壳的色彩鲜艳，它的特征就像是你随身携带的一个小物件。打开我设计的这台电脑，就像打开了一台精密的电子仪器，内部和外部有着不同的面貌。

当三星公司委托我做设计时，它们正在大规模进入打印机和复印机的市场。我把操作面板的颜色调整成黑褐色，并使它的造型方便使用。纸张存储区由一个简单的矩形组成，矩形的垂直边是圆角，颜色是接近于白色的亮灰色，与操作面板形成鲜明的对比。

MULTI XPRESS7 智能数码复合机　三星, 韩国, 2015年

CLX-4195 彩色激光多功能一体机　三星, 韩国, 2012年

　　我认为，人与机器交互的部分是一个界面，所以把这个区域和复印机都设计成黑褐色。内部结构与纸张存储盒是接近白色的亮灰色。从建筑学的角度来说，整个外壳类似于"墙"的一部分。相比之下，人与机器交互的黑褐色的部件，更像是工具。

我从1992年开始参与NEC Multisync显示器的设计，当时的电脑显示器还是一个大盒子。我觉得，能在20年里参与同一产品的迭代升级是件极其罕见的事情。显示器注定只是一个成像设备，尽管它已经由显像管（CRT）升级到液晶显示屏（LCD），从而变得更轻薄，如今更是出现了无边框屏幕。Multisync一直是办公室和公共场所的标配显示器。看到自己设计的显示器被应用在世界各地的值机柜台上，并参与创建通用图标的过程，让我非常开心。当这个产品还是"大盒子"的时候，我就尝试了很多方法让这些"盒子"变得更小、更具吸引力。现在回想起来，这无疑对我的建模技能进行了一次很好的锻炼。

从2001年开始设计Infobar手机，到智能手机的出现，我一共设计了11款不同的手机。在那个时期，二维绘图和加工技术的概念已经被三维CAD（Computer Aided Design，计算机辅助设计软件）完全取代，而用于概念化事物形状的"R"的概念也发生了巨大的变化。

传统的倒角制作方法，用于直线与另一条直线相交或一个平面与另一个平面相交的地方，如今这种做法已经被淘汰了。严格地说，一个倒角的末端与平面的末端成为一个连接的表面，但实际上，高光和阴影十分明显，看起来像是呈钝角的转角。正因如此，一种名为"bokasu"的表面处理方式被应用于接触点和切面线上，为产品提供一种层次感。虽然机器的加工精度很高，但是边缘具有如此微妙的圆角仍然无法实现，有时还需要手工制作，而手工制作出的圆角则具有卓尔不群的魅力。这就像是漆器抛光的过程，或者在陶器的曲面上釉色，抑或是在角落里汇集的一地油漆；现在，创造如此精细的曲面转角已经可以利用3D技术实现了。过去，无论是多小的倒角，在手机和手表等高精度设备中都是无法实现的；但如今，技术上已经可以创造出外观和感觉与这种精细倒角相似的柔软表面了。这款智能手机就是利用这项技术创造出来的，使人们用双手就能轻而易举地感知到优美的外形。

INFOBAR A01 手机　KDDI, 日本, 2011年

这款已经上市十年的产品，据说销量已突破400万支。虽然我并不了解这样的钢笔的最高销售量是多少，但无论如何，我都为有如此多的人使用它而感到非常高兴。各种各样的品牌Logo印在圆珠笔上，供不同的公司使用，这并不是一件坏事。我认为，这支圆珠笔能成为一个品牌的标志是件好事，这已经成为一种特殊的常态也并非坏事。

　　NOTO 圆珠笔　凌美, 德国, 2007年

TWELVE 手表　三宅一生, 精工表, 日本, 2012年, 2015年

十二边形玻璃表面的十二个角成为手表的时刻标记。2015年我在设计这款手表的时候，加入了一个淡淡的蓝色表盘和一条蓝色的皮质表带。日复一日，日期和秒针的样子看起来像一张脸，这很有趣。它时而看起来像一张笑脸，时而像一张愤怒或悲伤的脸。

在传统的围棋（Go）中，没有方形棋子，只有圆形棋子。不过我想，如果有一款手表的质感和围棋棋子一样，那就太好了。所以我设计了这款产品。因为它的设计是基于围棋棋子，所以表面没有花纹，摸起来像一块鹅卵石。

GO 手表　三宅一生, 精工表, 日本, 2013年

　　　TRAPEZOID **手表**　三宅一生, 精工表, 日本, 2013年

　　我相信有一些普遍的形状对每个人都有吸引力。这个扁平的、有凹槽的截锥体就是这样一种形状。我相信，把表面的角和下折边的角磨圆将创造出更加良好的形状。我设计的第一款腕表是金属表带，但在这个版本中，采用了与表盘颜色相同的聚氨酯表带。我在色彩鲜艳的字符与产品主体色之间添加了对比。测速计（tachymeter）的字符被拉长，与截锥体表面呈直线延长，所以当我们从正面看的时候，这些字符会显示为正常字体。

我想设计一款普通形状的腕表，它不需要弹簧条，而是有一条腕带穿过整个
表身。这条腕带的颜色可以根据佩戴者的需求更换。

腕表　±0, 日本, 2009年

随着智能手机的出现，应用在手机外壳上的技术也在迅速发展。我相信，所有设计师都能意识到这种演变最终会导致两种发展趋势：一种是通过圆角矩形来炫耀手机的轻薄；另一种是有着环状圆角矩形的手机外壳。

正是出于这种设计，手机的整个外壳看起来非常圆润，但是想创造出这样的形状并非易事，必须将玻璃屏幕的倒角磨圆，然后去掉按键和机身之间的空隙。虽然我们知道，集成技术的未来就像是琥珀中的物质，但此时此刻，我们仍需要对零件进行精确的装配。手机外壳（housing）的概念是指手机包含框架以内的整个外壳，就像是一个盒子，里面装着具有某种功能的机械或电子设备。这种外壳或盒子的概念迟早会消失。未来，内部设备将与外壳成为一体。

MILANO COLLECTION 公文包　NAVA, 意大利, 2013－2017年

我相信，就像西装的款式不会发生太大变化一样，公文包也有一个标准的形状。对Milano包来说，这个观点进一步得到佐证。我在设计的时候，很注意皮革的质量、手柄的长度和厚度，以及它的容量。同时，我也注重标准化，选择了一种与服装相协调的颜色。最近，穿西装背双肩包的搭配非常流行，所以，我设计了一款和公文包一样的双肩背包。

Med Winds是一个深受地中海风格影响的品牌，2011年创立于巴塞罗那。鞋子、包和衣服都是为其子品牌On The Beach设计的。

巴塞罗那的海滩一路通向餐馆、酒吧和俱乐部，然后延伸到街道。我把人们一天的行动轨迹变成了反映巴塞罗那生活方式的时尚系列：穿着泳装在沙滩上玩耍，然后换上时髦的休闲装去餐馆和酒吧，而后过渡到城市生活中。对于女人的鞋子来说，人字拖变成了橡胶鞋；我还设计了玩沙滩排球时穿的鞋子，看起来就像有橡胶鞋底的袜子。

我用白色的聚氨酯泡沫做了鞋的实体模型，很快它们就不知所终了，有人把它们"带"走了！我知道为什么会出现这样的情况，因为这些实体模型相当吸引人。

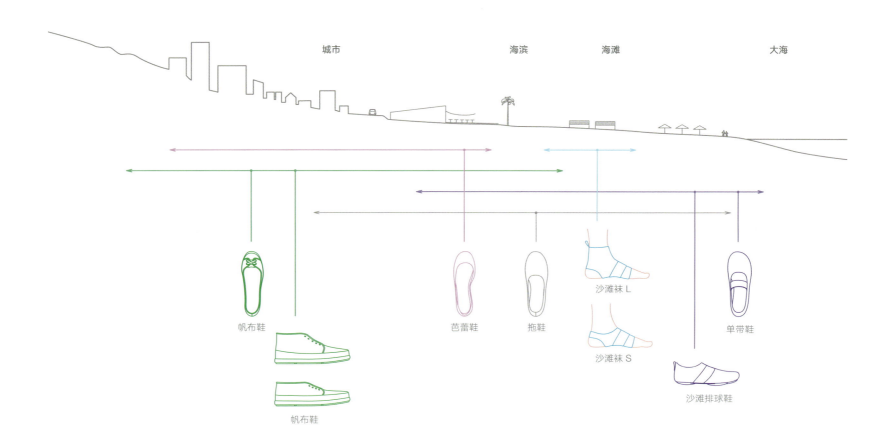

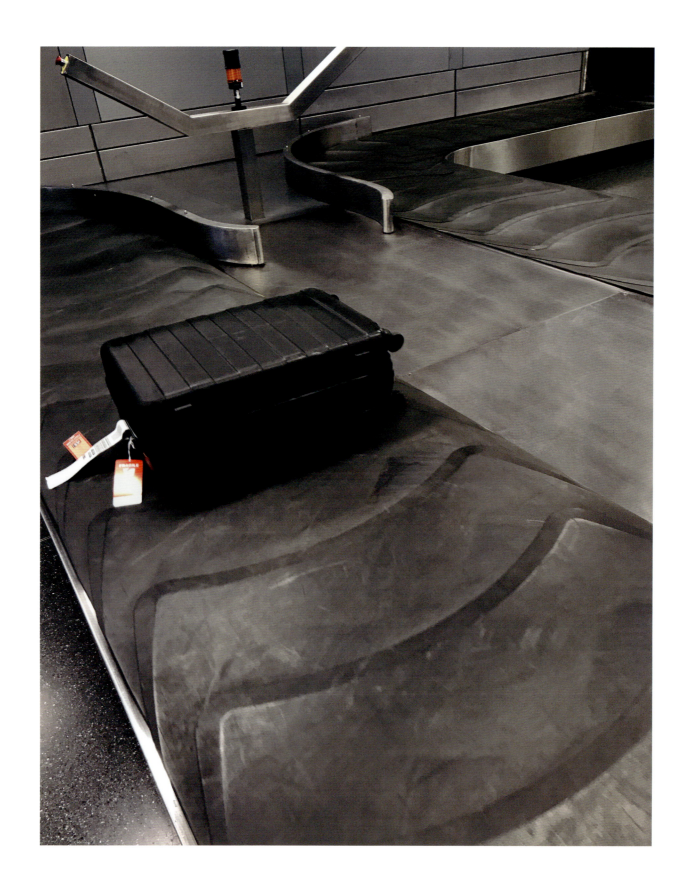

硬壳拉杆箱　无印良品, 日本, 2011年

　　虽然记不清具体是什么时间了，但我的脑海中却时常浮现出一幅画面：一台精密设备的保护箱，箱子上有一些凹槽，皮带会通过这些凹槽把箱子捆绑好。我认为，虽然这个具有功能性的水平状条纹可能达不到装饰的目的，但它或许会成为无印良品的一个简单且有力的标识。为了加强拉杆箱的结构，凹槽被应用到薄薄的外壳上；这些凹槽的设计成为每一件产品的品牌标识。对于无印良品来说，使用水平条纹可以让人们了解其产品的耐用性，并产生与之熟悉的感觉，而不是使用装饰性的元素，我相信这是它最好的选择。显然，根据众多知名公司进行的跌落测试的结果显示，无印良品的拉杆箱最耐用，它已经成为一种标准，一种简单而强大的象征。在机场的行李传送带上，我看到很多这样的拉杆箱，这让我兴奋不已。

软壳拉杆箱 无印良品, 日本, 2015年

　　近年来，拖着拉杆箱乘火车短途旅行的人越来越多，但通常这些坚硬的拉杆箱看上去略显简朴和沉闷，所以我想设计一款外形温和且柔软的拉杆箱。一段时间以来，我很喜欢新干线子弹头列车和飞机窗户的形状，我突然想到，也许这个柔软的拉杆箱可以设计成这种造型。脑海中浮现出一位优雅高贵的女士牵着一只贵宾犬，戴着蕾丝手套，手里提着一个凯莉包（Kelly bag）的画面。

SIWA 系列 ONAO, 日本, 2008年至今

2008年，位于日本造纸之乡山梨县的和纸制造商Onao找到了我。他们生产了很多用于日本屏风的纸，想和我探讨一下这种纸是否可以用来做其他东西。我把这张难以撕破的纸揉成一团，赋予它一种奇妙的质感，我想可以用它来制作包、手提袋，或许还可以制作家居用品。与此同时，我想把日语单词"washi"的两个音节倒过来，变成"shiwa"或"Siwa"，这会是个好名字，因为日语单词"Si-wa"的意思是"皱纹"。纸上的褶皱意味着老化，但我心存疑问：这种不协调是否可以转化成某种吸引人的东西？这让我想起在美国的时候，把装三明治的棕色纸袋的口卷起来的样子。

More Trees 是一个在森林保护领域中发挥积极作用的组织，坂本龙一（Ryuichi Sakamoto）是该组织的负责人。为了保护并维护一个健康的森林环境，我们讨论是否可以采用"森林抚育间伐"措施来获取相应的木材，我设计了这款布谷鸟挂钟。

布谷鸟挂钟 MORE TREES, 日本, 2015年

我决定要设计一个挂钟，它就像出现在电脑屏幕上的图标，或是数字显示屏上的模拟时钟一样。它的边缘线、刻度和指针都是相同的厚度和突出的三维立体感；这款时钟还有另外两种颜色，与数字模拟时钟相似，与康斯坦丁·格里奇设计的360°转椅和桌子搭配起来相得益彰。

METEO MAGIS, 意大利, 2013年

我设计了这一套共三种产品，由温度计、湿度计和气压计组成，它们的设计理念均来自一款经典的汽车仪表盘。为什么我们如此偏爱仪表盘呢？

　我经常想，这也许就是创作者想要做的事情。在照明设备最初出现时，灯具的原型形状由球体、穹顶状或截锥体组成。由于内部光源没有引人瞩目之处，所以穹顶状的灯罩上覆盖着一个漫射器。因为悬挂灯具的电线没有重新安装，所以我决定只用一根细电线把它挂起来。至于球状灯，我想，也许他们想要做的是可以发出圆形光的灯具，所以我把光源放置在半透明的球状灯罩中，以此创造出一个完全发光的球体，然后把它悬挂在一根细细的电线上。桶状灯的内部结构没有什么特别之处，因此我用一个截锥体灯罩遮住它。这些都是对灯具原型的修改，所以我在名字中增加了"Modify"。

　这张照片拍摄于我的餐厅，餐桌是Driade公司的Muku桌，椅子是MARUNI公司用胡桃木制作的HIROSHIMA扶手椅。

MODIFY：球状灯　松下, 日本, 2009年

　　我觉得球体是照明设备的原型。但是直到现在，球形灯具上总是有一个金属盖遮住放入灯泡的孔，所以它不是一个真正的球体。我认为，人们的终极愿望是让整个球体发光，所以在这盏灯的设计上，灯罩使用了一种新材质，使它看起来像半透明的球体一样散射光线。我觉得用细细的电线将它吊在天花板上的方式很理想。通过用塑料灯罩代替玻璃灯罩，我们把多个球状灯近距离悬吊在空中，即使发生地震，灯罩相互碰撞也不会破裂。

ITKA 台灯 DANESE MILANO, 意大利, 2008年

一个盘状丰满圆润的灯罩放在纤细的底座上，这个设计的想法是：头重脚轻之间的关系很有趣。设计完成后，我想，或许用厚重的大理石代替轻薄的底座，效果会更好。最终，我创造出一个可爱的发光体，它看起来就像一个发光的蘑菇。

ITKA 底座　DANESE MILANO, 意大利, 2013年

　　一盏灯结合了两种功能：在桌面上投射直射光，在天花板上投射环境光。人们并没有意识到桌面和整个房间的照明都来自一盏灯，也不知道光源在哪里。如果你能理解这种神奇的效果已经实现，那么你一定能理解这种光的魅力。

　　在为无印良品做设计时，我总是犹疑到底应该在多大程度上设计这个产品。它必须在充分发挥功能的前提下，使用起来令人愉悦。Real Furniture这个名字的灵感来自对真实材料的使用，也就是天然实木，即原木，它还必须以某种方式让人想起椅子的原型。我相信这把椅子通过了这些苛刻的条件，但事实上，它并不容易被识别。你可能会说它过于平凡并不引人注意，但我相信，随着时间的推移，这款椅子将悄然成为一种标准。

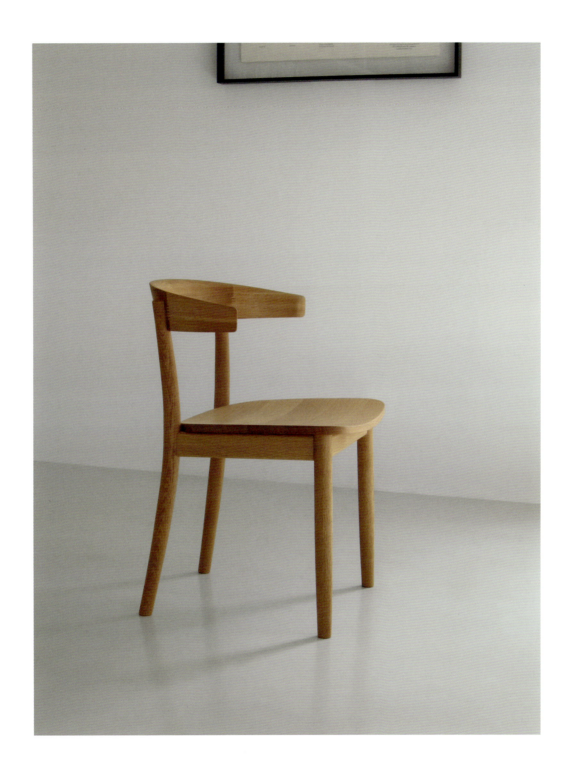

这盏落地灯的外观看起来像一只单腿站立的火烈鸟。纤细的阻尼灯臂干净整洁，十分吸引人。

支架灯和实木桌 无印良品，日本，2016年，2007年

　　这盏灯的造型已经决定了它的摆放位置，例如床头柜、边桌或者书架。底座选用了橡木或者大理石（在无印良品的众多产品中大量使用了橡木）。这款灯具由一个立方体和一个椭圆形组成，百褶状的椭圆形灯罩被创建出来。这确实是一盏很普通的灯，但它却实现了无印良品"这样就好"（this will do just fine）的情感理念。

遇到阿尔贝托·阿莱西（Alberto Alessi）时，我在向他展示这个容器的设计之前，先给他看了两张宠物狗的照片：一张是金毛寻回犬，另一张是日本柴犬。这两种宠物狗在全世界备受欢迎和喜爱。我向阿尔贝托·阿莱西解释了我的想法：从过去到现在，如果把ALESSI比作金毛寻回犬的话，那么我的提案就更像是一只日本柴犬。阿尔贝托·阿莱西很快就被我的想法说服了，他对此非常高兴，同时还将这个产品命名为"Shiba"（柴犬的英文为Shiba Inu）。

　　与日本传统的雪平锅一样，我想用木头来做锅柄。手柄底部增加了一个钝角的边缘，刚好是握住手柄时小拇指触碰到的地方。在刺身刀刀柄的椭圆形横截面上，只有一个点是平的。使用"最小功"以确保刀柄不会在用户的手上打转。我认为这是一种极简的日本设计美学。我想给这个锅柄注入同样的精神。我相信，有一种日本设计受全世界人们的喜爱，柴犬就是这方面的代表。

　　阿尔贝托和我用这款锅具的成品，一起在他家做了意大利调味饭。

　　SHIBA 锅具　ALESSI, 意大利, 2011年

不知道从什么时候开始，我养成了随身携带热咖啡的习惯。这款真空保温杯的大小刚好可以放进包里，也适合放在桌子上。

　　这个项目是寻找合适大小的咖啡容器。我想创造一个可以保温的简单的"管"，不锈钢的光泽暗示了里面盛的饮品味道好极了。我想知道是否能把银质餐具那种高贵感带入便携式的、随意的生活场景中。

　　NOMU 真空保温杯　ALESSI, 意大利, 2017年

　　谈到真空保温杯，Stelton 已经成为一个备受欢迎的品牌。有光泽的、彩色的塑料材质也极具代表性。但我相信，这里需要的是不锈钢的光泽，因为它是ALESSI。我的设计目标，是增添它在桌面上的高贵感。产品的底部向顶部逐渐变细，圆润且有光泽，非常漂亮。把手自然地连接到倾斜的尖状壶嘴上，倒水时，无论是多么倾斜的角度，你都可以很好地握住它。金属拉丝工艺在不锈钢表面上得到最大限度的利用。

烤面包机在日本很常见，但在其他国家却鲜有见到。它不仅可以烤面包，还可以用来做小比萨和糯米团。我觉得是因为日本人吃厚切片吐司的习惯导致的。不过，市面上很少能见到直立式烤面包机，它看起来像一个小的桌面式烤箱，既迷人又令人愉悦。脑海里马上浮现出准备早餐的忙碌画面，那无疑是幸福的时刻。荷兰锅由一块未经修饰的黑铁制成，朴实无华、真实自然的本质无愧为无印良品之名。野外露营装备要满足最基本的功能，在这方面，它可以被认为是"无印良品"式产品。

烤面包机和荷兰锅　无印良品，日本，2014年，2012年

我不太喜欢电热水壶。相反，我觉得普通水壶里的水味道更好，所以设计这款产品对我来说很难。事实上，世界各地都在使用电热水壶，这或许是因为它烧水速度快和便捷性导致的吧。我从传统的金属壶和陶瓷壶的壶嘴中汲取了设计精髓，因为我相信这种形状赋予了它一种"味道"。水壶的底座已经与壶身融为一体。

弹出式烤面包机　无印良品, 日本, 2014年

冷凍パン

取消

3 4

2 5

1 6

　烤面包时，如果你不在两片面包之间留出空隙，面包的边就会变得很烫，那么，你在取面包的时候就很可能会被烫伤。保持这一间隔，使它成为一个长方体，与面包片相比，烤面包机变得太大了，把它放在厨房或餐桌上时，显得很碍事。最后，我设计了一款圆角的烤面包机，它与面包片的四个角都保持着同样的间隔。那么，无印良品式的烤面包机是简单的方形的烤面包机，还是圆形的烤面包机呢？这是我一直纠结的问题，最后，我决定基于功能和可用性赋予它圆形的外观。柔和的光线轻轻包裹在烤面包机的周围，使它看起来更加亲切。

电饭煲 无印良品，日本，2014年

当你一只手打开电饭煲的盖子，另一只手用木勺把米饭舀到碗里时，米饭粘在了木勺上，一时间，你不知道应该把它放在哪里，这导致你手部的一连串动作被迫中断。相信很多人都遇到过类似的情况，所以，我在电饭煲的盖子上加了一个突出物，用来放置勺子。这个功能使电饭煲和勺子呈现出二次元的面孔。

咖啡机 无印良品, 日本, 2017年

在参与无印良品电器的设计时，我认为我有一个选择：设计"家用电器类"产品，或设计类似于专业人士在厨房里使用的产品。这台咖啡机的主要功能聚焦在热水的温度和倾倒的速度上。有了这台机器，你将品尝到真正的咖啡的味道，就像咖啡师手工制作的咖啡一样。所以，我认为这是一个写满了厨房用具品质的设计，它的功能表现在外观上。不锈钢器具的触感和天然无机的特性，使咖啡更加诱人。对于无印良品，功能性的美很酷，不迎合他人也是必要的。

±0的品牌名称意为"既不增也不减"：一切都"刚刚好"。这里的产品都能满足恰到好处的功能和外观。人们可能想知道，为什么现在一定要设计这样的东西，但令人惊讶的是，真的没有什么产品是恰到好处的。这就是我设计它们的初衷，称它们为"平常"就可以了。

饭碗、漆碗、筷子、长柄勺、煎铲、炖锅和煎锅 ±0, 日本, 2010年

　　我想用整块的厚铝板制作一个双柄锅。我想像的画面是：从上面看，锅的边缘和把手就像是用一笔勾勒出来的一样。

　　　　汤锅和炖锅　±0, 日本, 2010年

杯碟、盘子 ±0, 日本, 2010年

这款咖啡杯和咖啡碟给人一种"以朴素的方式富有和克制"的感觉。创造这种氛围非常难,但这就是我最想做的事情。

我觉得可以用细细的黑铁丝做出各种具有吸引力的小物件,下面几页出现的铁丝筐和鸡蛋盒就是最好的例证。我相信这种材料已经具备吸引力了,稀疏的结构强调了它的魅力。我认为,用最少的铁丝制作一个菜篮是这个设计的关键。我并没有试图创造一些密集编织的东西,比如常规的菜篮或者网。

铁丝菜篮和鸡蛋盒 ±0, 日本, 2010年

砧板　MORE TREES, 日本, 2014年

我用森林抚育间伐中的木材来做这个产品。如今，人们似乎不会像过去那样频繁使用菜刀和砧板了。我想设计一个适合用削皮刀加工食材的砧板。当然，你也可以用它来摆放奶酪、火腿或面包，这是一块可以带到餐桌上使用的砧板。

厨房并不是"当你做饭时人们聚在一起的地方",我认为它类似于一个生活空间,于是我设计了它。这就是为什么我把踢脚板做得又高又深的原因。我把它设计得就像漂浮在地板上一样,因为不想减少存储空间,所以在踢脚板底座上增加了一个大抽屉。台面由轻薄的骨白色人造大理石制成。台面由于安装了感应加热装置而显得非常平整,不像金属炉架那样有很多格栅和突起,随处都可以作为桌子使用。

最近，我一直在思考设计一些公共用品，例如电梯、自动扶梯或者通勤列车。这些都是人们在无意识状态下使用的产品，我开始考虑通过设计改良它们。我相信，如果你发现每天乘坐的电梯突然变得焕然一新，感觉一定非常棒，你会想："发生了什么变化？"当公共设施清理干净后，人们会感到富足与充实。电梯就像一个小盒子，人们在这个盒子里遵循既定的行为。有些人会倚靠着电梯内壁或扶手，有些人会盯着镜子里的自己。你自己乘坐电梯时和与其他人一起乘坐电梯时的感觉是不一样的；你和一个完全不认识的人一起乘坐电梯时的感觉也是不一样的。当电梯里很拥挤的时候，人们会屏住呼吸。我回想起这些发生在电梯里的无意识行为，于是设计了这部电梯。我为它的内部环境也做了设计，例如：你用背部摩擦的电梯壁的纹理；光的反射；控制面板之间接缝的精度；电梯厢转角的弧度；影棚般的室内灯光及颜色；电梯到达指定楼层时和关闭电梯门时发出的声音，以及显示楼层的屏幕。

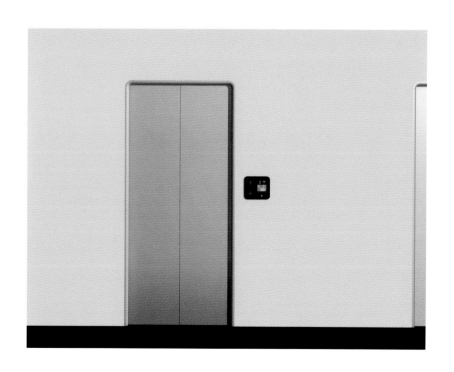

　　HF-1 电梯　日立, 日本, 2015年

HF-1 电梯 日立, 日本, 2015年

我把电梯厢内的所有转角都设计成了圆角，因为我想，如果把这个方形空间里所有可见的转角都做成圆角，就能创造出一个柔和、亲切的空间。我想设计一种预制化电梯的标准模板，而不是建筑师设计的那种定制化电梯。

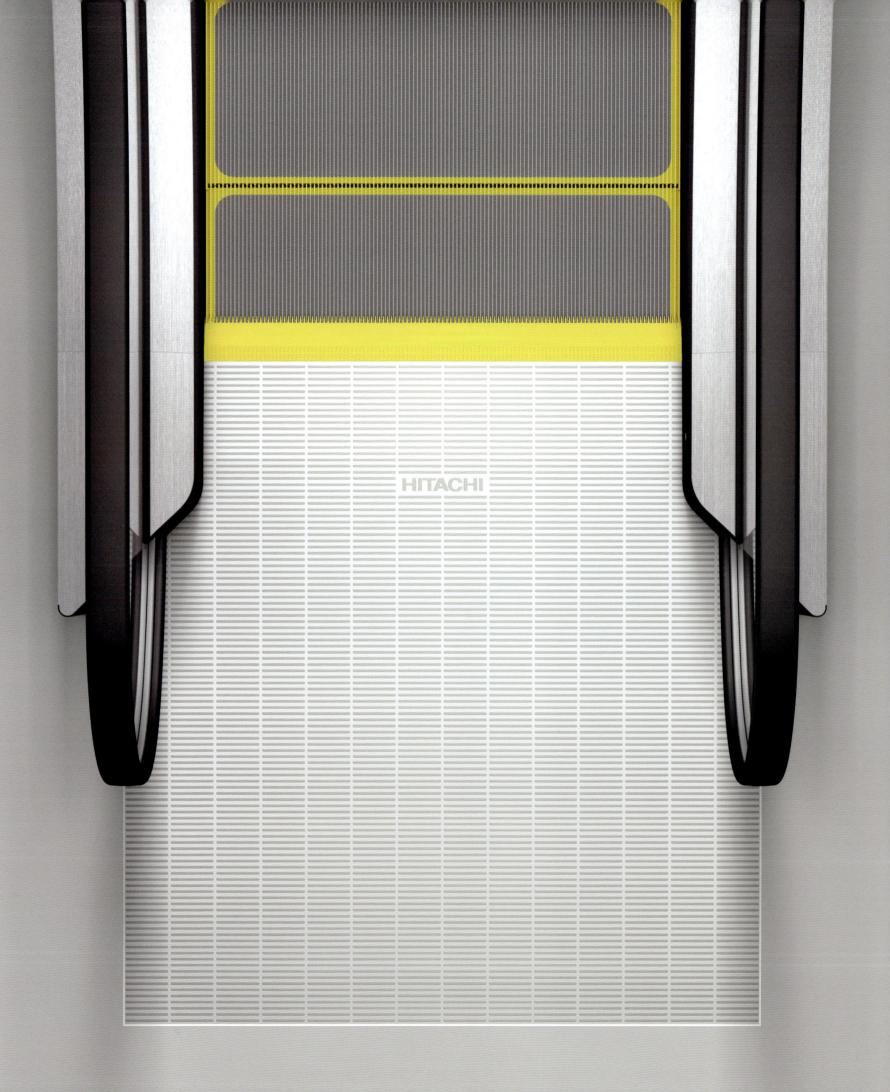

电动扶梯是一种造型非常普通的公共设施，不同制造商之间的产品几乎没有区别，也没有人会下意识地去考虑它的设计。而且，电动扶梯的安全标准非常高，几乎没有留出设计的余地。在台阶的外侧，我设计了黄色的边缘线，用来提醒人们不要站在角落里。我还在这些边缘处增加了倒角设计，角度与人们脚趾的弧度相匹配，这是一种不经意的声明，目的是让人们意识到角落的危险。我把扶梯入口的地板设计成倾斜状，这样人们更容易踏上扶梯。

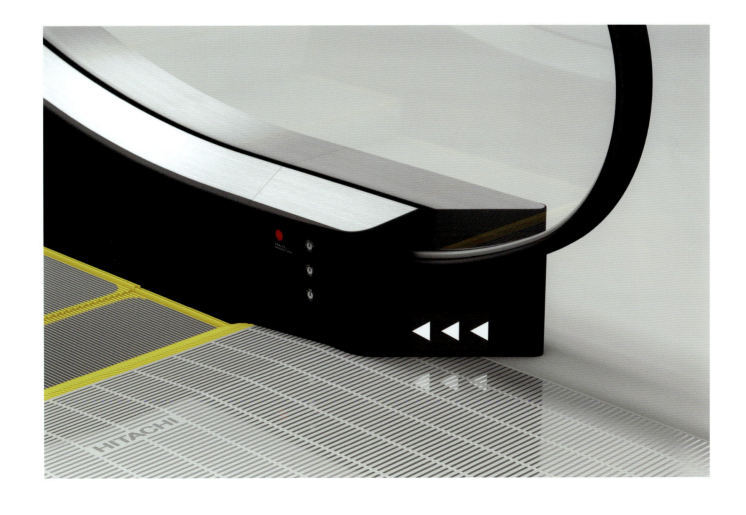

CONE和CUP花盆　SERRALUNGA, 意大利, 2013年, 2012年

  Serralunga公司邀请我为产品做设计，这家公司以滚塑成型技术生产的巨型花盆而闻名，现在，它们想要另一种能成为标杆的产品。于是，我设计了这个可爱的花盆，将其命名为"Cup"。我没有把它设计成经典陶盆的塑料版，而仅仅是一个巨大的杯子，一种适合手持的形状。把这种锥形的花盆放置在入口或者大门的两侧，看起来不错。

三宅一生子品牌 "HOMME PLISSÉ" 代官山店　日本, 2017年

在三宅一生的子品牌"Homme Plissé"中，由褶皱创造的阴影使颜色更加柔和，赋予服装一种阳刚之气，与柔软度和图案相结合造就了如此漂亮的服装。我告诉自己，店面的室内设计必须以一种不"喧宾夺主"的方式去设计，这才不会影响服装的美感。

我想给室内空间带来些许男性化的色彩，同时，我也想知道是否可以使悬挂衣架的轨道成为一个特征。所以，我沿着这个小小的方形空间的顶部安装了一圈可以活动的、窄窄的，却很高的深灰色钢制轨道。

房间里所有铝制墙体的转角都被设计成圆润的倒角。我还设计了一个"ME"的标志。我试图为这个空间赋予一种魅力，你可以在圆润的肩膀和衣服的两侧感受到它。整个房间被一束光笼罩着，给人温馨的感觉。

　　我把墙壁涂成柔和的深蓝色，这种颜色被称为"茄子蓝"，以搭配铝制的窗框，并把名为"Cloud"的长沙发（B&B Italia）摆在房间的中央。我想创造一个在你挑选衣服感到疲累时，可以休息的空间。Cloud沙发确实利用了B&B Italia室内装饰的技术优势。当室内装饰过于紧凑或平整时，你就只剩下一大块无趣的空间。

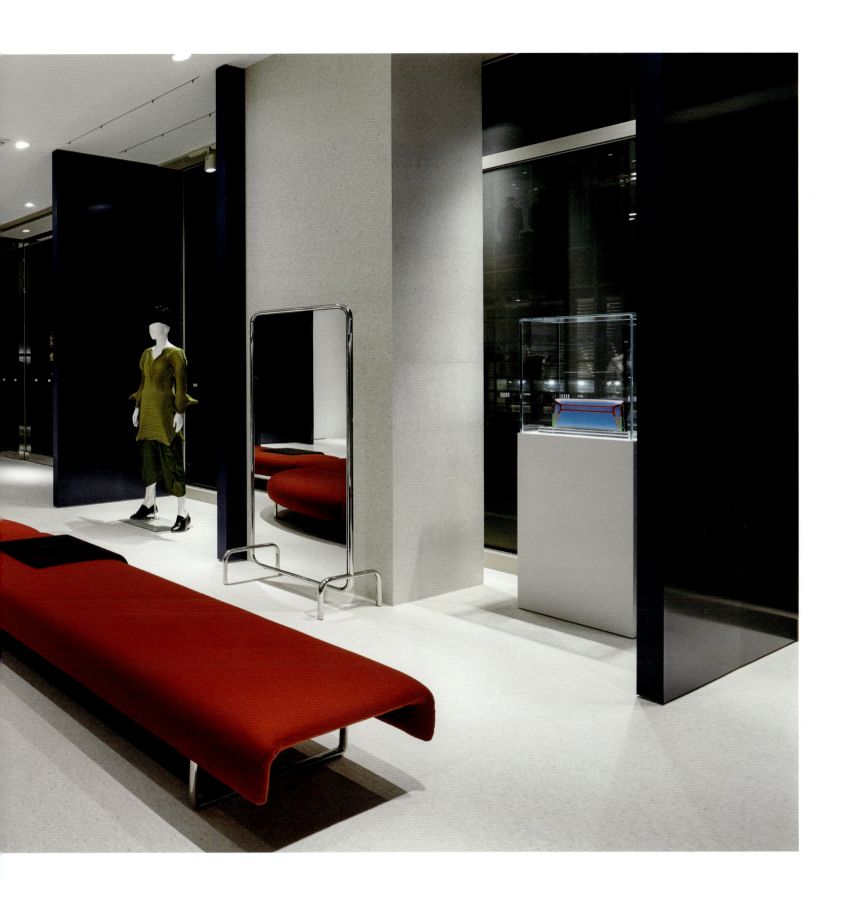

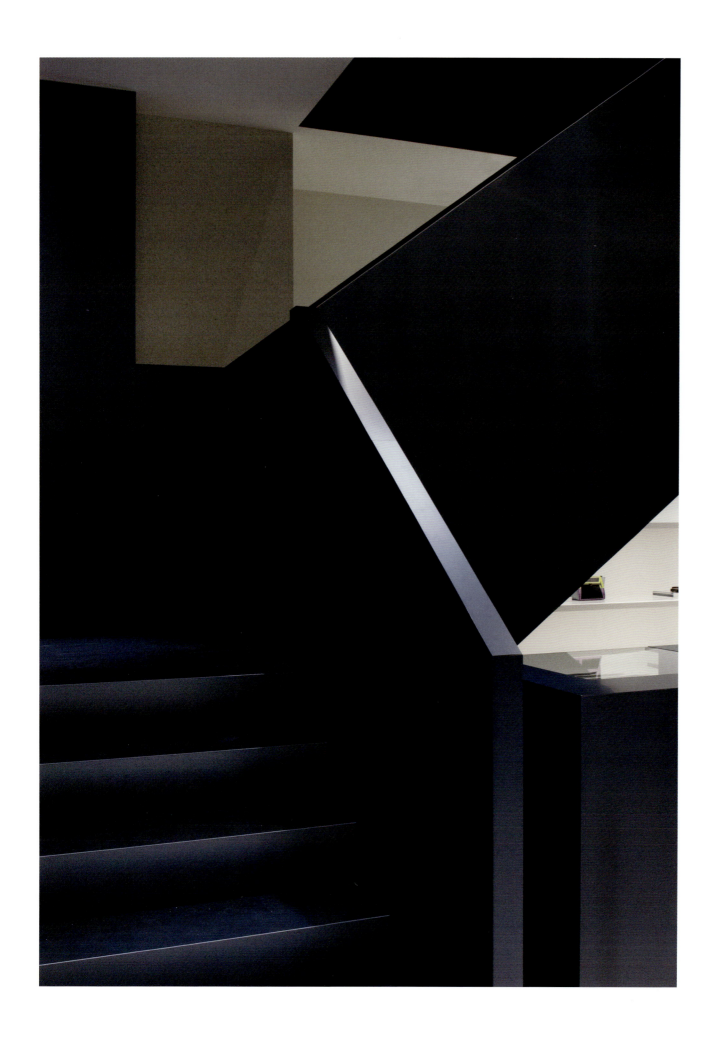

三宅一生银座店　日本, 2017年

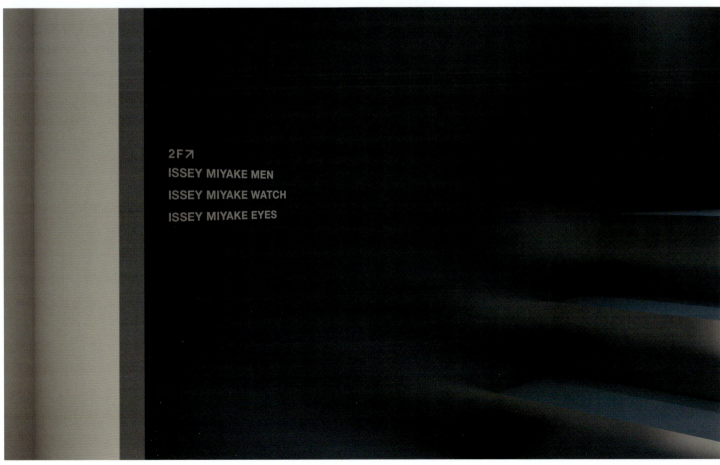

2F↗
ISSEY MIYAKE MEN
ISSEY MIYAKE WATCH
ISSEY MIYAKE EYES

冰箱是必不可少的家用电器，我想知道是否可能把"完美品质"归因于冰箱的外观。通过消除突出的冰箱把手，我相信我可以创造出一个更加简约的冰箱。我把冰箱的四个直角设计成半径为28mm的倒角，相当于我们用大拇指和食指比画出一个90°直角时，虎口处形成的倒角。可以说，这个倒角是通过手的圆周运动来实现的。如果你的手沿着中间的凹槽滑动，就会触碰到一个隐藏的门把手。随着手从门把手的表面滑过，冰箱门打开了，这就是这台冰箱的独特之处。光线洒在28mm的R形倒角上，这很漂亮。

　冰箱　原型，海尔，中国，2018年

　　我想设计一些大人们也可以玩儿的东西，而不仅仅是供孩子们娱乐。孩子们无论在哪里，都能找到可以玩儿的东西。他们走在人行道的边缘，就像是在走钢丝；他们倚靠在护栏上；他们在铺着榻榻米的大厅里跑来跑去。他们在不断地寻找玩耍的机会。Omochi是一款小型滑梯，我设计它是因为孩子们在玩滑梯的时候很可能会啃咬或者吊在它的光滑表面上。Banri这个名字取自Banri no chojo（日语中的长城），正如这个名字隐喻的那样，我设计了一条环形的小路，孩子们可以一遍一遍地爬上爬下。我认为最重要的是，无论把它放在哪里，都要有美感，就像巨大的雕塑一样。说实话，我真的很想设计一个雕塑。

"SUPER NORMAL" 展览　由贾斯珀·莫里森和深泽直人策划, 轴心画廊, 日本, 2006年

很长一段时间以来，我一直在思考贾斯珀·莫里森是如何把自己的设计作品的重要特征，以及隐藏在作品背后的思想，用语言表达出来的。我相信，当我们一起在无印良品工作的时候，那些逛无印良品店铺的人们随意的评论，为贾斯珀敲响了警钟，他尤其被那句"这真是超级普通"打动了。

从那以后，贾斯珀建议我们以"super normal"的理念将产品收集起来，举办一个展览。我对此表示十分赞同，收集了各种各样的产品。在收集产品的过程中，我才理解什么是真正意义上的"super normal"产品。虽然我们从来没有一起详细探讨或者仔细观察过，但是对这个概念的理解却没有任何偏差。当人们从设计中寻求一些特别的东西时，这些"super normal"的产品会给他们带来安全感。我认为，我们想让人们对这些物品产生一种依附感，让他们接触到在无意识中真正感受到的东西。2006年，该展览首次在东京轴心画廊（AXIS Gallery）举办，随后又辗转伦敦、米兰、赫尔辛基和纽约进行展出。

我相信在那段时间里，有很多人意识到了"super normal"的价值，即便是现在，仍然有很多人在使用这种表达方式。

在东京首次展览的筹备过程中，柳宗理（Sori Yanagi）出乎意料地出现在会场。我们认为，他就是那个致力于创造"super normal"产品的人，是我们敬仰的前辈，因此，对于他的出现，我们非常惊讶。

他指了指自己设计的不锈钢碗，问道："这是谁的设计？"这让我们有点惊讶。我觉得自己仿佛看到他与那些匿名设计"super normal"产品的设计师在一起，那个时刻令我非常感动。

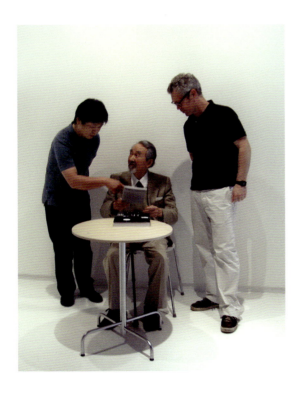

　　我发起了一个项目，尝试通过无印良品的意识形态去发现事物，并将其命名为"Found Muji"。有一天，出于个人爱好，我在北京潘家园古玩市场停了下来，我喜欢宋代器皿的样子，于是就把它买下来带回家，当然这是一件高仿的复制品。当时，我突然有一个想法：自宋代以来，如果用同一种黏土在同一个窑里烧制的器皿，能以这样合理的价格买到，那么，把它们放在无印良品的店铺里售卖又会怎样呢？我把这个想法告诉了金井政明先生（Masaaki Kanai时任良品计画株式会社社长），他让我直接去北京。从那时起，"Found Muji"运动开始了。如今，来自世界各地具有无印良品美学的物品被收集在一起并售卖。我相信这个运动延续了柳宗悦（Muneyoshi Yanagi）倡导的民艺运动。9年后，我成为日本民艺馆馆长，这是一个巧合，但我也感到其中有某种必然的联系。从发现事物的角度看，我觉得"Found Muji"与民艺运动是一样的。我也认为你可以说：设计是人的艺术。

当"Found Muji"开始走红，我建议要开一家"Found Muji"的专卖店。无印良品的第一家店铺坐落在日本东京的青山区，经过改造后，它变成了一家集商店和画廊于一体的店铺。如今，在其他地区收集物品时，先把它们分在盒子、篮子或织物等主题下进行展出，然后售卖。

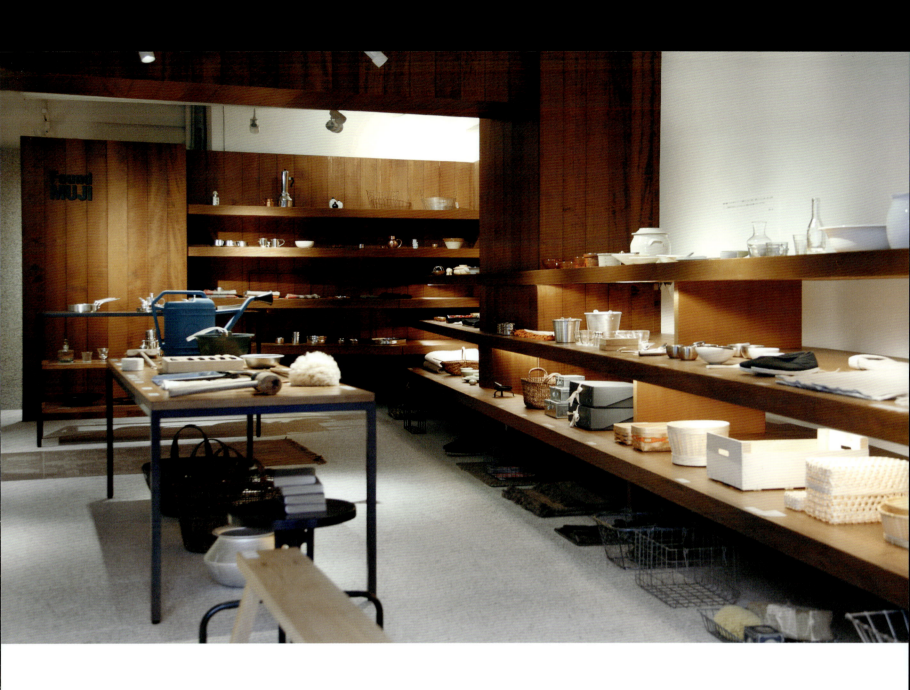

　MING家具　FOUND MUJI, 日本, 2014年

　　"Found Muji"是一个运动，旨在以无印良品为参考框架，从世界各地搜寻符合无印良品意识形态的物品，然后对这些物品进行改良。迄今为止，这场运动已经持续了相当长的一段时间。这件家具是对中国明代家具进行的改良。众所周知，很多家具设计师都深受明代家具的影响，它有着独特的优雅和尊贵。在改良设计的过程中，我清除了原有的装饰性元素，因为它是无印良品。

　　中国宋代的青白瓷精美绝伦。我在为"Found Muji"寻找"无印良品式"产品的途中，找到的第一件物品就是一件宋代瓷器的复制品。直到现在，人们还在用同一种黏土、同一时期的窑炉烧制瓷器。我被那透着蓝光的白色瓷器深深吸引，汲取其精髓后做了重新设计，我调整了产品规格，使它更适合大规模生产，可以在当今的日常生活中使用。我创造了一个无印良品式的容器，它富有现代感，人们根本不会想到，其实它在古代就已经存在了。

铝架　无印良品, 日本, 2014年

我认为，一个由简单的铝制盒子制成的架子固定在墙上，百分之百是一个无印良品式的产品。铝的朴素性在这里得到了真正的体现。

　　有人提出，能否在廉价航空公司（Low Cost Carrier，LCC）的机场航站楼里使用无印良品家具。在考虑设计什么样的低价沙发长椅时，无印良品的董事长金井政建议，也许可以设计得像无印良品的主打产品——附脚架床垫那样，既可以被看作沙发，也可以被视为长椅，甚至还可以当作一张床。

　　廉价航空公司有很多极早或极晚的航班，乘客可以躺在这个长椅上休息，甚至是过夜。由于航站楼的建设成本比较低，所以这里没有任何多余的装饰，于是，一个小型的无印良品式机场就实现了。

　　LCC航站楼，沙发凳　无印良品，日本，2015年

HUT 无印良品, 日本, 2017年

感觉无印良品似乎更适合设计小屋而不是房子。

我想，只要有一间小屋，你就可以过上极致简约的生活。在这里，你可以尽情享受这种感觉，就像一个你自己的藏身之处，一个支撑着你的地方，一个你可以在大自然中独立自主的地方。我相信，能够品味一种最基本的生活方式，而不执迷于奢华，是一件好事。

　　Kokuryu品牌（黑龙酒造株式会社）是世界上最美味的日本清酒。它非常珍贵，几乎不向商店和餐馆售卖。参观酿酒厂时，我想为它们设计一个玻璃杯。如今，像喝葡萄酒一样，喝冷藏过的日本清酒的方式越发流行起来。但用葡萄酒杯喝日本清酒却让我感觉很不舒服。我相信，一个可以放在手掌中，你可以慢慢啜饮的圆圆的酒杯，会让你感觉很好。除此之外，人们在喝清酒时一定是从酒杯的边缘啜饮，所以，我把杯口的边缘做得向外微微敞开。清酒酿造商水野直人（Naoto Mizuno）先生对我的设计非常满意。他说，能够喝到冰镇的Kokuryu酒，并在它恢复到室温时嗅到它的清香，感觉棒极了。参观酿酒厂的时候，我觉得眼前的一切都是那么美味，于是开始流口水，这就是我设计这款玻璃酒杯的契机。

　　我出生在甲府市（Kofu），那里盛产珠宝，于是，我被委托为一家名为阿卡朵（Agete）的珠宝店设计首饰。把玛瑙石雕刻成圆润的方形，就像一颗红豆的形状，这不是一种简单的加工技术。我相信，一颗黑色的光滑且圆润的方形宝石，将使佩戴者成为人群中的焦点。

平底玻璃杯 台玻集团, 中国台湾, 2018年

2012年，台湾玻璃工业股份有限公司（Taiwan Glass，简称台玻集团）CEO林伯实和徐莉玲委托我设计产品。台玻集团是全球玻璃制造业巨头，在中国江苏省的核心工厂内有一幢由阿尔瓦罗·西扎（Alvaro Siza）设计的令人称奇的办公楼。徐莉玲是学学文创志业（Xue Xue Institute）的创始人，这是一家教授文化、美学和艺术的很美的研究机构。他们都有良好的审美意识。

超过200件玻璃制品的设计任务顺利进行，使得我与他们的关系也更加紧密。我们就"美"的话题进行了生动的对话，还谈论起艺术、建筑、色彩和汽车。我们开发了一种温和的设计语言，它将成为行业标准。

我们想为工业生产的玻璃制品注入艺术的本质，尽可能不去破坏液化玻璃的自然轮廓，同时确保它可以在日常生活中使用。即便是现在，我们仍在设计大量产品。

平底玻璃杯 台玻集团, 中国台湾，2018年

水瓶和平底玻璃杯 台玻集团, 中国台湾, 2018年

这是一个设计项目，由设计与时尚界具有全球影响力的《墙纸》(*Wallpaper**)
杂志发起。这个项目把设计师与手工艺人结合起来，每一位设计师选择一名杰出
的手工艺人，并与他合作。我与意大利历史最悠久的雨伞制造商 Ombrelli Maglia
公司合作，设计了一把可以变成手杖的雨伞。随着时间的流逝，当雨伞被频繁地
使用，伞布逐渐磨损时，弯曲的樱桃木伞柄却呈现出一丝光泽。最终，多年来你
一直使用的雨伞，变成了支撑你行走的手杖。正如生活，在岁月的磨砺中焕发出
迷人的光彩。

把钉子钉进木板，做成衣架。

　　衣架　GALERIE KREO, 法国, 2008年

这张桌子的石材桌腿来自法国巴黎的街道，它们是用钻头从地层中挖掘出来
的，具有强烈的历史感。

从红玛瑙珠的一侧整齐地削掉同样大小的量，光线星星点点地从被削掉的平面上折射出来。

Geoluxe是泰国暹罗水泥集团（简称SCG）旗下的一个人造石品牌。人造石是一种坚硬的、高度防水的矿物基材，它模仿大理石等天然石材的形态和功能，是为缓解天然大理石短缺的情况开发出来的。SCG希望在2016米兰设计周上推出Geoluxe品牌，委托我设计这个装置。我用人造石做了一个看起来像整块巨型大理石的雕塑，又把两片薄薄的人造石交叉起来，做成另一个雕塑。

　　"唐奖基金会"(Tang Prize Foundation)2012年12月由尹衍梁博士正式成立。该基金会委托中国台湾的研究机构——"中央研究院"(Academia Sinica)从可持续发展、生物制药科学、汉学和法治四大领域遴选获奖者。唐奖对这四大领域中具有影响力的原创性研究，特别是对人类进化做出巨大贡献的一流研究工作予以褒奖。我赢得了为获奖者设计金牌的机会，这对于我也是极大的荣誉。我觉得螺旋形对亚洲来说，是具有象征意义的形状。

　　2007年，21_21 DESIGN SIGHT美术馆正式开业，我与三宅一生、佐藤卓
（Taku Sato）共同担任董事。我负责首届展览，三宅一生建议，"巧克力"也许
是个不错的主题。"巧克力？！"我想，但后来我也觉得这可能会很有趣，于是
开始收集了各种与"巧克力"相关的东西。我邀请了艺术家和设计师，让他们基
于"巧克力"的主题创作产品，我自己也设计了一些小玩意儿。其中有一个小物
件，我将它命名为"全明星"（all star）。我想，如果把各种各样的巧克力放在一
起肯定很有趣。所以，我收集了一些市面上主流的巧克力，把它们拼接起来做成
一块巧克力。至于另一个设计，是我出于某种原因突然想到了电源插座。我觉得
自己在巧克力与电源插座这两个完全没有联系的物体之间，创造了一种联系，如
果真有这种巧克力的话，一定很有趣。

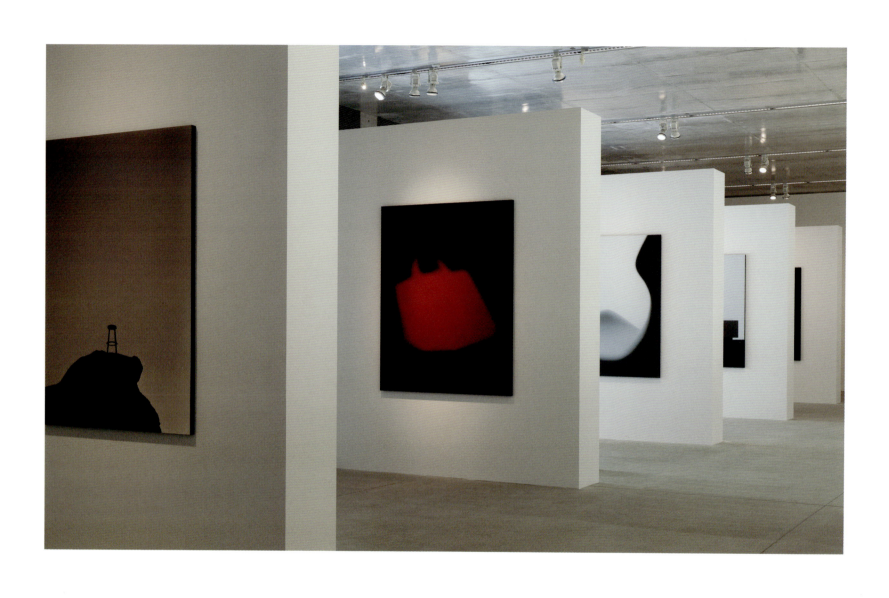

"轮廓：看不见的轮廓"展览 21_21 DESIGN SIGHT, 日本, 2009 – 2010年

　　藤井保（Tamotsu Fujii）是一位杰出的摄影师，我非常敬重他。在物与物之间，在人与物之间的氛围中，我们可以识别出环境，我相信藤井先生捕捉到了这一点。只有当物体与其周边的环境一起出现时，才能被识别出来。我觉得藤井先生创造的图像不是某一个物体的照片，而是整个环境的照片。自2006年以来，我们有幸邀请他为《现代生活》（*Modern Living*）杂志拍摄照片，这些照片和我的设计作品一起，在21_21 DESIGN SIGHT美术馆举办了名为《轮廓：看不见的轮廓》（*The Outline: The Unseen Outline of Things*）展览。我开始认为，事物一定会产生它们周围的气氛。

　　我相信，从藤井先生为我们拍照时起，我就开始这样考虑了。藤井先生已经从我的作品中察觉到了那种精神。

　　2011年3月11日发生在日本东部的大地震，让日本和全世界人民深感悲痛。每个人都认真考虑过能为地震灾区和受灾的人们做点什么。他们很担心，然后把担心转化为行动。我们在21_21 DESIGN SIGHT美术馆策划了一场名为"Tema Hima"的展览，它展示了通过时间和努力创造出的事物，反映了东北灾区人民的面貌，象征着他们将继续坚持不懈地生活下去。我曾多次前往灾区，参观一些正在建造和修复的建筑，与当地的民众会面，并从东北地区所辖的6个县收集了包括工具和腌制食品在内的55件物品。第一张照片展示的是用来修剪苹果树枝的剪刀，出自日本青森县的苹果生产区，由田泽手工锻造刀片厂生产，剪刀的形状因使用者的不同而不同。另一张是青森县姥泽研治公司制作的苹果包装盒。这家公司每年根据产量和果实的大小制作新的盒子。把苹果放进盒子里时，它们变得比原来更红了。

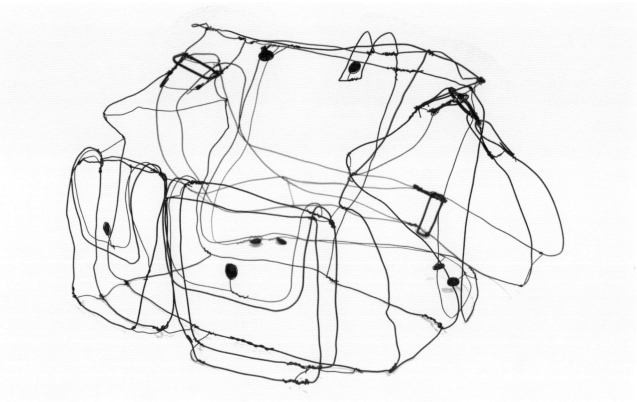

上：SARI YUKAWA, 下：AKARI TAKAGAKI

线的雕塑 武藏野美术大学二年级学生, 形态学理论作业, 日本, 2000年

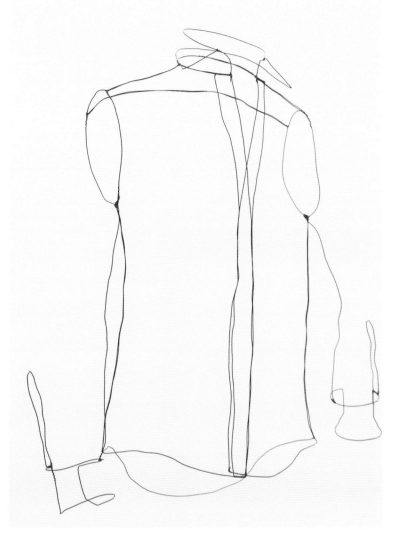

左：RIKAKO YAMAKAWA, 右：MISA IWAI

当我想着应该如何向学生阐释什么是好设计，什么是不好的设计时，我想到了这项作业。我给他们布置了一项作业："尝试用黑色的线画一些你在日常生活中随处可见的东西"。学生们并没有真正理解老师对他们的期望是什么，但是他们提交的作业却非常有趣。一个三维物体可以用线条勾勒出二维的画面，但如果在不忽略表面、质地和光线元素的情况下，是不可能用线勾画出三维轮廓的。把黑色线勾画的草图拍下来，可以得到更精确的物体轮廓。大约70名学生的不确定成绩的作品排成一行。Sari Yukawa的枯叶速写是一幅杰出作品，优美的线条与叶子接触地面的脆弱都被完美地表现出来。在教授学生什么是打动人的东西时，我总是努力向他们传达作业背后的意义。

椅子 VITRA EDITION 2007, 德国

　加湿器　±0, 日本, 2003年

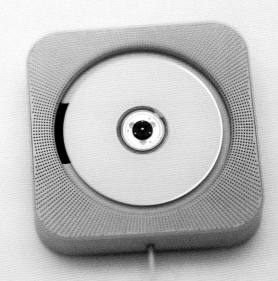

壁挂式CD播放器　无印良品, 日本, 1999年

INFOBAR手机　KDDI, 日本, 2003年

弹出式烤面包机　±0, 日本, 2007年

电子计算器 ±0, 日本, 2006年

深泽直人在包豪斯和德绍大师之家的作品

《豪泽尔》（*HÄUSER*）杂志，2016年10月
照片拍摄：希普勒·布鲁尼尔（Hiepler Brunier）

在德国的《豪泽尔》杂志中，我非常惊讶地看到一张照片，题为"沃尔特·格罗皮乌斯（Walter Gropius）、深泽直人，在德绍包豪斯的设计作品"。我事先并没有被告知这件事。也许包豪斯及其后继者的教育，受其历时14年的设计运动的影响，试图去寻找典型性设计作为原型。在我看来，沃尔特·格罗皮乌斯信奉的"形式追随功能"理念指的就是卡尔·荣格所说的原型。原型是人们想象出来的一种超越时空的常见形态。集体无意识是无意识想象的一个形象的共性，这也许是包豪斯运动寻求发现的原型。我认为普适性或许是我们追求创造力的终极目标。无论这篇文章的写作目的是什么，我都是一个寻求发现原型的人。考虑到这一点，我似乎可以理解这些照片的意图了。因为我们追求的原型设计，是超越时间和空间的一个已经共享的物体。

包豪斯建筑, 德绍, 建筑师格罗皮乌斯, 门厅/ DÉJÀ-VU椅子, MAGIS, 2007年；加湿器, ±0, 2003年

包豪斯大师之家, 德绍, 建筑师格罗皮乌斯, KLEE/KANDINSKY DUPLEX, STAIRCASE, HOUSE KLEE/BINCAN, DANESE MILANO, 2004年

包豪斯建筑, 德绍, 建筑师格罗皮乌斯, 上层楼面/MUKU椅, DRIADE, 2005年

想从头开始看待一切

我总是有一种想从头开始设计的冲动。在加州生活的时候，我经常感到幸福的基本元素在于丰富的大自然、温和的气候和充足的营养。我甚至觉得，实际上，设计的力量在加州并不是必要的。无论是富人还是穷人，每天都穿着短裤、T恤和运动鞋，共同享受着丰富的自然资源。我渴望回到远在日本的家，但是却没有勇气离开这个有着得天独厚的自然环境和创造性工作的地方，回到日本东京那个人类创造的环境中去。

女儿出生时，我已经在旧金山生活了三年。为了纪念她的到来，我买了一块土地，不是在东京，而是在山梨县的八岳山，那是一片尚未开发的自然景观。我相信，作为一名设计师，只要有足够的知识，我就能在田野间设计一所房子并生活在那里。因此，在加州生活了7年之后，我决定回到日本。在回来的第一个星期，我就开始在那片未经开发的、树木繁茂的土地上建造一间小屋。我在东京做设计师，所以在那里租了一间小公寓，但几乎每个周末，我都会去这片土地劳作，用自己的双手建造那间小屋。我砍倒灌木丛，在一个小山谷里扎起帐篷，清理土地的那段时间，我就睡在帐篷里。这是"从头开始设计"的开端，我每天都能感受到阳光和月光，听到微风拂过树梢的沙沙声，我本能地决定在哪里扎帐篷，在哪里搭建小屋。我从附近的小溪中取水，在一盏灯笼的光亮下度过了数个漫漫长夜。正是这种没有水也没有电的生活，让我意识到什么才是必需的，什么不是必需的。我开始全神贯注地割草和劳作，不停地工作。我不知道如何建造木屋，我把从溪中取来的水与混凝土混合在一起，为木屋打地基。对于自己犯过的许多错误和糟糕的计划，既哭笑不得，又非常开心。当我离开的时候，能够体会到学习的乐趣。我认为这本身就是设计的基础。在搅拌大量混凝土的过程中，混凝土还没有倒入模具就开始凝结。所以，第一天我就在自己的土地旁边堆起了一座"混凝土山"；第二天，我把这座山形的混凝土捣碎，重新混合混凝土打地基。我搭了一间小屋和一个露天平台，当朋友来访时，他们可以在露天平台上扎帐篷。在没有水也没有电的情况下，在原始的自然环境中从头开始设计，真的非常有趣。

几年后，我又建造了第二间木屋。这间木屋比第一间大一些，需要用到重型机械，所以我请了一位木匠帮忙建造。我找了一位名叫中谷一郎（Koichiro Nakatani）的景观设计师帮忙设计，他就住在附近，我们创造了一间原型的小屋。有了它，我的生活方式变得非常简约也相当殷实。我不喜欢缺乏实践经验的人，他们说的话大多是在某个地方学到的知识。从经验中习得的真知才是设计所需要的"营养"。我不喜欢仅仅从假设的角度来评说设计的好与坏。即便是现在，我也会用比例模型来验证设计，并通过这种方式决定是否选用这个设计。我做事的方式并没有改变，我相信，你不可能去设计没有任何实践经验的东西。在使用烹饪工具的过程中，我了解了它们的功能与可用性。在室内设计方面亦是如此，我用纸张搭建出等比例的墙体，以此来感受空间的存在。人们可能会认为这样做很疯狂，但我坚信这就是设计。最近，我对堆砌岩石产生了浓厚的兴趣。抽象的想法在我的脑海中得到了具体的形式，并在阐述的过程中得到了检验。我认为这就是"具象"。少即是多；我从开发这片土地、建造小屋，以及堆砌岩石的过程中获得了最小也是最大的快乐。

致谢

珍·富尔顿·苏瑞,我亲爱的朋友

我从你身上学到了很多东西,比如静静地观察人们如何使用物品,而不是直接问他们使用物品的感受如何,使用过程中是否存在问题;做一个沉默的观察者;在观察事物的过程中,从问题和现象中获得灵感;不要依赖别人的调研,而是自己去寻找。有了用户调研以后,如果仅仅是执行这些调研结果,是无法从中找到开发和设计的灵感的。但做总比不做好。你告诉我,如果不具备敏锐的观察力和善于观察的眼睛,单凭观察是发现不了任何东西的。我明白了对于还不存在的物体的形状,最好不要征求人们的意见,而要提出一些带有指向性的问题,比如,"如果这个物体将来变成这样,你会怎么看?"这意味着用户会针对这些问题凭空编造出"好"的答案。因为尽管人们对于一个产品的使用已经非常熟悉了,但仍会试图虚构出一个"好"的答案来回答这类问题,何况是上述关于未来产品的虚构问题。在进行这样的用户调研时,我意识到观察事物的真正重要性,懂得了发现真理的重要性。从小时候起,我就隐约地明白,真理往往存在于人们的无意识行为和举止之中,所以我从你的指点中获得了启示。长大后我渐渐明白,将真理强加于人是残忍的,最好是在人们尚未意识到你这样做的情况下,不经意间给出正确的答案。我也逐渐明白,设计并不是刺激人们思维的东西,而是应该植入人们潜意识中的东西。大概是这个时候,我开始意识到人们会无意识地与物体和环境进行良好的互动。在那之前,我一直认为设计在某种程度上是一种能够激发人的意识的东西,现在我意识到了无意识世界的存在,它会与人的意识相结合,共同为人们所用,我觉得我已经进入了那个世界。珍,你对人们所面临的冲突是如此宽容。你很好地协调了自然、健康和真理。我们都对人们身体的诚实性感兴趣,经常谈论这个话题,并且被这些对话深深吸引。我们开始考虑为客户设计,然后为用户设计,现在我们从"以人为本"的角度去考虑设计。珍,正是与你的相识,使我理解了科学与艺术之间的紧密联系。你基于直觉坚定地追寻着事物,并且为之付出坚持不懈的努力,这时常让我感到惊讶;你能对注意到的事物进行准确的分析,这种能力也令我震惊。我们相遇相识已经30年了,除了你,没有人能静静地观察我的设计和我对设计作

品的态度,也没有人能像你一样理解它们。我相信,没有人比你更适合写这本书的前言,总结我过去15年的工作。幸好有你,能让我客观地看待自己的设计,我变得更加谦逊,对此我深表感谢。

致谢我出色的团队

我们被正义感联系在一起。从我创立自己的工作室至今，已经过去15年了。每个加入团队的成员都认同我对设计的看法。与其他设计工作室相比，从这间办公室离开的人非常少。我相信这是因为我们对设计的方向有着普遍的共识。尽管这支团队的部分成员在米兰、中国香港和东京都有自己独立的工作，但他们仍然与我一起工作。我们依然是最紧密的合作伙伴。坚韧、努力、决心和正义感，不妥协、不放弃地完成设计，是我们共同的特质。我们从不折损设计的质量，因而得到了客户的高度信任和良好的声誉。我相信，从各种现象和分布在不同情形、不同环境下的元素中，我们可以得到最优的设计方案。因此，我的观点很少会与他人相左。一个灵感或者想法的产生往往是一瞬间，但要把这个想法落地，带到制造阶段却需要大量的工作。"不放弃"已经成为我们的座右铭。当一个好的设计被创造出来时，我们一起欢欣鼓舞；在一系列严苛条件下做设计时，我们一起并肩作战，

这让我们在没有自降标准的情况下，达到了今天所处的地位。这本书证明了我们在过去15年里所做的努力。

我和那些与我共事的团队成员一起完成了这本书，我很高兴，我对他们所付出的辛勤工作致以深深的谢意。

从左往右右依次是：NOZOMU OKADA、HIROYUKI TSUCHIDA、MAKOTO HASHIKURA、MINAMI OHKI、TSUNAO NAGASAKI、SHINPEI ARAI、NAOTO FUKASAWA、NITZAN DEBBI NAKAV、HIDEKI YOSHIZAKA、ASAMI KOGA、KEIJI TAKEUCHI。

生平

1956年出生于日本山梨县
1980年毕业于多摩美术大学（Tama Art University）产品设计系
1989年前往美国加入IDEO公司
1996年回到日本成立IDEO东京办事处
2003年成立深泽直人设计公司（Naoto Fukasawa Design）

深泽直人的设计致力于简约和崇高的美，曾为意大利、德国、美国、瑞士、西班牙、中国、韩国、泰国、新加坡、法国、葡萄牙、瑞典和芬兰的众多世界知名品牌提供设计服务，也为日本本土企业提供咨询和设计服务。他的设计涉及多个领域，从精密电子产品、家具到室内空间。他在传达自己的设计哲学——"设计融入行为""意识中心""常态""轮廓""原型"的同时，继续通过具体的设计将这些理念付诸实践。他能够获得国际认可，不仅因为他的设计，而且因为他通过设计表达事物的核心的力量、思想与情感。深泽直人坚定地认为，设计的动力源自人类的无意识行为，并将其命名为"无意识"。自1999年起，他每年都会举办"无意识设计"工作坊，并继续以书籍的形式公布工作坊的成果。

深泽直人曾荣获众多国际大奖，如美国IDEA金奖、德国IF金奖、英国D&AD金奖、德国"红点"设计奖、日本每日设计奖和织部奖。他为无印良品（MUJI）设计的壁挂式CD播放器、Plus Minus Zero（±0）加湿器、为日本电信运营商（KDDI）设计的手机INFOBAR和neon，均被纽约现代美术馆（MoMA）作为永久藏品。2007年，深泽直人被伦敦皇家艺术学会授予"荣誉皇家工业设计师"称号。无印良品的壁挂式CD播放器被伦敦维多利亚和阿尔伯特博物馆永久收藏。同时，深泽直人为MARUNI设计的HIROSHIMA扶手椅也被丹麦设计博物馆作为永久藏品之一。

深泽直人是21_21 DESIGN SIGHT美术馆设计总监之一、无印良品设计顾问、MARUNI艺术总监，从2010年到2014年担任Good Design设计奖主席。此外，他还担任2012年博朗大奖的评委会成员、由《日本经济新闻》（Nikkei Shimbun）举办的卓越产品及服务大奖的评委会成员。2017年担任罗意威工艺奖（Loewe Craft Award）的评委会成员。2006年，他与贾斯珀·莫里森共同发起了"super normal"展览。自2012年起，深泽直人担任日本民艺馆第五届馆长。

深泽直人所著书籍有《设计的轮廓》（An Outline of Design），与他人合著《设计的生态学：新设计教科书》（The Ecological Approach to Design）和《设计的原形》（Optimum），当然还有深泽直人个人作品辑《深泽直人》（Naoto Fukasawa）。2007年，深泽直人与日本摄影师藤井保（Tamotsu Fujii）共同举办了名为"The Outline–看不见的轮廓"的展览，并合作出版同名著作《轮廓：看不见的轮廓》（The Outline: The Unseen Outline of Things）。

展览

2017	深泽直人生活方式周围展，展览指导，松下汐留博物馆，东京，日本
2016	Unveil独展，为推广Geoluxe品牌创建的装置，米兰设计周
	工艺与设计的边界，展览指导，21世纪美术馆，金泽，日本
2015	民间工艺之珍贵形式——深泽直人总监遴选，展览指导，日本民艺馆，东京，日本
2014	Found Muji China，展览指导，南岸艺术中心，上海，中国
2013	媒介，深泽直人×藤井保，学学文创志业，台北，中国
2013	Good Design展，总监理，东京市中心，日本
	Wallpaper*手作展，与 Ombrelli Maglia合作 "Umbrella for life"，Lecletticoi画廊，米兰，意大利
2011	脖子周边，"混沌"，Kreo画廊，巴黎，法国
2010	深泽直人在Luminaire，嘉宾，Luminaire陈列室，芝加哥，美国
	塞夫勒设计检阅（Sèvres à Design Parade），"花瓶地铁"，诺阿耶别墅，耶尔，法国
2009	秋天里的十个春天，"台砧"，Kreo画廊，巴黎，法国
	±0，Twentytwentyone展厅，伦敦设计节
	少和多：迪特·拉姆斯的设计理念，壁挂式CD播放器（无印良品）、纳米防护（Nanocare，松下）、Noto圆珠笔（凌美），府中市美术馆，东京，日本
2008	16个新作品，"衣架"，Kreo画廊，巴黎，法国
2007	MAGIS深泽直人作品展，"似曾相识"的装置使用，THE CONRAN SHOP，纽约，美国
	理想住房（Ideal House 07），嘉宾，展览指导，科隆国际家具展，德国
	Vitra Edition 2007，"椅子"，位于Vitra campus园区的巴克敏斯特·富勒的穹顶，莱茵河畔威尔城，巴塞尔艺术展，瑞士
2006	"Super Normal"展览，与贾斯珀·莫里森合展，AXIS画廊，东京/Twentytwentyone展厅，伦敦/米兰/赫尔辛基/纽约
	斯德哥尔摩家具展，嘉宾，斯德哥尔摩国际会展中心，斯德哥尔摩，瑞典
2004	我们认为存在但其实并不存在的东西，个展，Watari当代艺术博物馆，东京，日本
	DANESE米兰，"简单的前沿"，展示空间设计，Imoaraizaka 5days画廊，东京，日本
2002	优化——原初形态的设计，展览指导，松屋银座展厅，东京，日本
	新学校工作坊展览，"消解在行为中的设计"，"个人天空/灵魂留在椅背上的椅子"，项目与设计指导，由NTT Inter通信中心（ICC）组织，ICC，东京，日本
2001	"Workspheres"，"个人天空/灵魂留在椅背上的椅子"，现代艺术博物馆，纽约，美国

无意识设计 深泽直人+DMN设计工作坊展览，项目与设计指导

2016	车站，东京中城设计中心
2015	智能手机，横滨创意城市中心，神奈川县
2013	感受食物，横滨创意城市中心，神奈川县
2012	洗手，轴心画廊（研讨会），东京
2009	容器，Eye Of Gire，东京
	盒子，Eye Of Gire，东京
2008	花瓶，勒贝画廊，东京
2007	擦拭，勒贝画廊，东京
2006	早餐，勒贝画廊，东京
2005	硬币，D&Department，东京/D&Department，大阪
2004	垃圾桶，松屋设计画廊1953，东京
2003	无题，无印良品有乐町，东京
2001	E-fashion，Version画廊，东京
	火车手环，Ozone生活设计中心，东京
1999	无题，Ozone设计中心，东京/Now！，巴黎

21_21 DESIGN SIGHT美术馆

2016	ZAKKA-Goods and Things，深泽直人指导
2012	Tema Hima：生活在东北部的艺术，深泽直人与佐藤卓共同指导
2009	轮廓：看不见的轮廓，深泽直人与藤井保共同指导
2007	巧克力，21_21DESIGN SIGHT美术馆首届展览，深泽直人指导

图书在版编目（CIP）数据

深泽直人：具象 /（日）深泽直人著；邹其昌，武塑杰译 . —杭州：浙江人民出版社，
2019.6

书名原文：Naoto Fukasawa：Embodiment

ISBN 978-7-213-09253-4

Ⅰ.①深… Ⅱ.①深… ②邹… ③武… Ⅲ.①产品设计 Ⅳ.① TB472

中国版本图书馆 CIP 数据核字（2019）第 075617 号

浙江省版权局著作权合同登记章图字：11-2018-561

上架指导：设计

本书法律顾问　北京市盈科律师事务所　崔爽律师　张雅琴律师

深泽直人：具象

［日］深泽直人　著

邹其昌　武塑杰　译

出版发行：浙江人民出版社（杭州体育场路 347 号　邮编　310006）
　　　　　　市场部电话：(0571) 85061682　85176516
集团网址：浙江出版联合集团　http://www.zjcb.com
责任编辑：王芸
责任校对：陈春
印　　刷：北京雅昌艺术印刷有限公司
开　　本：889 mm×1194 mm 1/12　　　印　　张：24
字　　数：75 千字　　　　　　　　　　插　　页：2
版　　次：2019 年 6 月第 1 版　　　　　印　　次：2019 年 6 月第 1 次印刷
书　　号：ISBN 978-7-213-09253-4
定　　价：299.00 元

如发现印装质量问题，影响阅读，请与市场部联系调换。